Lecture Notes in Mathematics

A collection of informal reports and seminars
Edited by A. Dold, Heidelberg and B. Eckmann, Zürich

163

Pierre Deligne
Institut des Hautes Etudes Scientifiques
Bures-sur-Yvette/France

Equations Différentielles à Points Singuliers Réguliers

Springer-Verlag
Berlin · Heidelberg · New York 1970

Title No. 1950

Offsetdruck: Julius Beltz, Weinheim/Bergstr.

Sommaire.

Introduction.

Si X est une variété analytique complexe (non singulière), il y a équivalence entre les notions

a) de système local de vectoriels complexes sur X ;

b) de fibré vectoriel sur X muni d'une connexion intégrable.

La seconde de ces notions se transpose de façon évidente pour X une variété algébrique non singulière sur un corps k (qu'on prendra ici de caractéristique 0). Toutefois, les fibrés vectoriels algébriques à connexion intégrable généraux sont pathologiques (cf. II 6.19) ; on n'obtient une théorie raisonnable qu'en imposant une condition de "régularité" à l'infini. D'après un théorème de Griffiths [8], cette condition est automatiquement vérifiée pour les "connexions de Gauss-Manin" (cf.II 7). En dimension un, elle est étroitement liée à la notion de points singuliers réguliers d'une équation différentielle (cf. I 4, II 1).

Dans le chapitre I, on explique les divers déguisements sous lesquels apparaît la notion de connexion intégrable. Au chapitre II, on démontre les faits fondamentaux relatifs aux connexions régulières. Au chapitre III, on traduit certains des résultats obtenus dans le langage des fonctions de classe de Nilsson et, comme application du théorème de régularité II 7, on expose la démonstration de Brieskorn [5] du théorème de monodromie.

Ces notes sont issues de la partie non cristalline d'un séminaire donné à Harvard pendant l'automne 1969, sous le titre :

"Regular singular differential equations and crystalline cohomology".

Je remercie les assistants à ce séminaire, qui ont eu à subir des exposés souvent vaseux, et m'ont permis d'y apporter de nombreuses simplifications.

Je remercie aussi N. Katz, avec qui j'ai eu de nombreuses et utiles conversations, et à qui sont dûs les principaux résultats de l'important paragraphe II 1.

Notations et terminologie.

A l'intérieur d'un même chapitre, les références se font selon le système décimal. Une référence à un autre chapitre (resp. à la présente introduction) est précédée du numéro en chiffre romain du chapitre (resp. de 0).

On utilisera les définitions suivantes :

(0.1) espace analytique : les espaces analytiques sont complexes et de dimension localement finie. Ils sont supposés σ-compacts, mais non nécessairement séparés.

(0.2) fonction multiforme : synonyme de fonction multivaluée -voir une définition précise en I 6.2-

(0.3) immersion : selon la tradition des géomètres algébristes, immersion est synonyme de "plongement".

(0.4) lisse : un morphisme $f : X \longrightarrow S$ d'espaces analytiques est lisse si localement sur X, il est isomorphe à la projection de $D^n \times S$ sur S, pour D^n un polydisque ouvert.

(0.5) localement paracompact : un espace topologique est localement paracompact si tout point a un voisinage paracompact (et donc un système fondamental de voisinages paracompacts).

(0.6) variété algébrique complexe non singulière (ou lisse). Un schéma lisse de type fini sur $\mathrm{Spec}(\mathbb{C})$.

(0.7) variété analytique (complexe) : un espace analytique non singulier (ou : lisse).

(0.8) revêtement : selon la tradition des topologues, un revêtement est une application continue $f : X \longrightarrow Y$ telle que tout point $y \in Y$ ait un voisinage V tel que $f|V$ soit isomorphe à la projection de $F \times V$ sur V, avec F discret.

I. Dictionnaire.

Dans ce chapitre, on explicite les relations entre divers aspects et divers usages de la notion de "système local de vectoriels complexes". L'équivalence entre les points de vue considérés est bien connue depuis longtemps.

Le point de vue "cristallin" n'a pas été considéré ; voir [4] [10].

1. Systèmes locaux et groupe fondamental.

Définition 1.1. Soit X un espace topologique. Un système local complexe sur X est un faisceau de vectoriels complexes sur X qui, localement sur X, soit isomorphe à l'un des faisceaux constants $\underline{\mathbb{C}}^n$ ($n \in \mathbb{N}$).

1.2. Soit X un espace topologique localement connexe par arc et localement simplement connexe par arc, muni d'un point base $x_0 \in X$. Pour éviter toute ambiguité, précisons que :

a) Le groupe fondamental $\pi_1(X,x_0)$ de X en x_0 a pour éléments les classes d'homotopie de lacets issus de x_0 ;

b) Si $\alpha,\beta \in \pi_1(X,x_0)$ sont représentés par des lacets a et b, alors $\alpha\beta$ est représenté par le lacet ab obtenu en juxtaposant b et a, dans cet ordre.

Soit $\underline{F}$ un faisceau localement constant sur X. Pour tout chemin $a : [0,1] \longrightarrow X$, l'image réciproque $a^*\underline{F}$ de $\underline{F}$ sur $[0,1]$ est un faisceau localement constant, donc constant, et il existe un et un seul isomorphisme entre a^*F et le faisceau constant défini par l'ensemble $(a^*\underline{F})_0 = \underline{F}_{a(0)}$. Cet isomorphisme définit un isomorphisme $a(\underline{F})$ entre $(a^*\underline{F})_0$ et $(a^*F)_1$, i.e. un isomorphisme

$$a(\underline{F}) : \underline{F}_{a(0)} \longrightarrow \underline{F}_{a(1)} .$$

Cet isomorphisme ne dépend que de la classe d'homotopie de a et vérifie $ab(\underline{F}) = a(\underline{F}).b(\underline{F})$. En particulier $\pi_1(X,x_0)$ agit (à gauche) sur la fibre $\underline{F}_{x_0}$ de $\underline{F}$ en x_0. Il est bien connu que

Proposition 1.3. Sous les hypothèses 1.2, avec X connexe, le foncteur $\underline{F} \longrightarrow \underline{F}_{x_0}$ est une équivalence entre la catégorie des faisceaux localement constants sur X et la catégorie des ensembles munis d'une action du groupe $\pi_1(X,x_0)$.

Corollaire 1.4. Sous les hypothèses de 1.2, avec X connexe, le foncteur $\underline{F} \longrightarrow \underline{F}_{x_o}$ est une équivalence entre la catégorie des systèmes locaux complexes sur X et la catégorie des représentations complexes de dimension finie de $\pi_1(X,x_o)$.

1.5. Sous les hypothèses 1.2, si a : $[0,1] \longrightarrow X$ est un chemin, et b un lacet issu de a(0), alors $aba^{-1} = a(b)$ est un lacet issu de a(1). Sa classe d'homotopie ne dépend que de celles de a et b Cette construction définit un isomorphisme entre $\pi_1(X,a(0))$ et $\pi_1(X,a(1))$.

Proposition 1.6. Sous les hypothèses 1.5, il existe à isomorphisme unique près un et un seul faisceau en groupe localement constant $\Pi_1(X)$ sur X (le groupoïde fondamental), muni, pour tout $x_o \in X$, d'un isomorphisme

(1.6.1) $$\Pi_1(X)_{x_o} \simeq \pi_1(X,x_o)$$

et tel que, pour tout chemin a : $[0,1] \longrightarrow X$, l'isomorphisme 1.5 entre $\pi_1(X,a(0))$ et $\pi_1(X,a(1))$ s'identifie via (1.6.1) à l'isomorphisme 1.2 entre $\Pi_1(X)_{a(0)}$ et $\Pi_1(X)_{a(1)}$.

Si X est connexe de point base x_o, le faisceau $\Pi_1(X)$ correspond, via l'équivalence 1.3, au groupe $\pi_1(X,x_o)$ muni de son action sur lui-même par automorphismes intérieurs.

Proposition 1.7. Si $\underline{F}$ est un faisceau localement constant sur X, il existe une et une seule action (dite canonique) de $\Pi_1(X)$ sur $\underline{F}$ qui en chaque $x_o \in X$ induise l'action 1.2 de $\pi_1(X,x_o)$ sur $\underline{F}$.

2. Connexions intégrables et systèmes locaux.

2.1. Soit X un espace analytique (0.1). On appellera fibré vectoriel (holomorphe) sur X un faisceau de Modules localement libre de type fini sur le faisceau structural $\mathcal{O}$ de X. Si $\mathcal{V}$ est fibré vectoriel sur X et x un point de X, on désignera par $\mathcal{V}_{(x)}$ le $\mathcal{O}_{(x)}$-module libre de type fini des germes de sections de $\mathcal{V}$. Si m_x est l'idéal maximal de $\mathcal{O}_{(x)}$, on appellera fibre en x du fibré vectoriel $\mathcal{V}$ le $\mathbb{C}$-vectoriel de rang fini

(2.1.1) $$\mathcal{V}_x = \mathcal{V}_{(x)} \otimes_{\mathcal{O}_{(x)}} \mathcal{O}_{(x)}/m_x \quad .$$

Si $f : X \longrightarrow Y$ est un morphisme d'espaces analytiques, le fibré vectoriel $f^*\mathcal{V}$ sur X image réciproque d'un fibré vectoriel $\mathcal{V}$ sur Y est l'image réciproque de $\mathcal{V}$ en tant que module cohérent : si $f^{\cdot}\mathcal{V}$ est l'image réciproque faisceautique de $\mathcal{V}$, on a

(2.1.2) $$f^*\mathcal{V} \simeq \mathcal{O}_X \otimes_{f^{\cdot}\mathcal{O}_Y} f^{\cdot}\mathcal{V}$$

En particulier, si $x : P \longrightarrow X$ est le morphisme de l'espace ponctuel P dans X défini par un point x de X, on a

(2.1.3) $$\mathcal{V}_x \simeq x^*\mathcal{V} \quad .$$

2.2. Soient X une variété analytique complexe (0.7) et $\mathcal{V}$ un fibré vectoriel sur X. Les anciens auraient défini une connexion (holomorphe) sur $\mathcal{V}$ comme la donnée, pour tout couple de points infiniment voisins du 1er ordre (x,y) de X, d'un isomorphisme $\gamma_{y,x} : \mathcal{V}_x \longrightarrow \mathcal{V}_y$, cet isomorphisme dépendant de façon holomorphe de (x,y) et vérifiant $\gamma_{x,x} = \mathrm{Id}$.

Si on l'interprète convenablement, cette "définition" coïncide avec la définition maintenant à la mode 2.2.4 ci-dessous (qui ne sera pas utilisée dans le reste du §).

Il suffit pour l'obtenir d'interpréter "point" comme signifiant "point à valeur dans n'importe quel espace analytique" :

2.2.1. *Un point d'un espace analytique* X *à valeur dans un espace analytique* S est un morphisme de S dans X .

2.2.2. Si Y est un sous-espace de X , *le* $n^{\text{ième}}$ *voisinage infinitésimal* de Y dans X est le sous-espace de X localement défini par la puissance $(n+1)^{\text{ième}}$ de l'idéal de $\mathcal{O}_X$ qui définit Y .

2.2.3. Deux points x,y de X à valeurs dans S sont dits *infiniment voisins de 1er ordre* si l'application $(x,y) : S \longrightarrow X \times X$ qu'ils définissent se factorise par le voisinage infinitésimal du 1er ordre de la diagonale de $X \times X$.

2.2.4. Si X est une variété analytique complexe et $\mathcal{V}$ un fibré vectoriel sur X , une *connexion* (*holomorphe*) γ sur $\mathcal{V}$ consiste en la donnée suivante :

-pour tout couple (x,y) de points de X à valeurs dans un quelconque espace analytique S , avec x et y infiniment voisins du 1er ordre, on donne $\gamma_{x,y} : x^*\mathcal{V} \longrightarrow y^*\mathcal{V}$; cette donnée est assujettie aux conditions :

(i) (fonctorialité) Quels que soient $f : T \longrightarrow S$ et les points infiniment voisins du 1er ordre $x,y : S \rightrightarrows X$, on a $f^*(\gamma_{y,x}) = \gamma_{yf,xf}$.

(ii) On a $\gamma_{x,x} = \mathrm{Id}$.

2.3. Soit X_1 le voisinage infinitésimal du 1er ordre de la diagonale $X_\circ$ de $X \times X$, et soient p_1 et p_2 les deux projections de X_1 sur X . Par définition, le fibré vectoriel $P^1(\mathcal{V})$ des jets de sections du 1er ordre de $\mathcal{V}$ est le fibré $p_{1*}\, p_2^*\, \mathcal{V}$. On désignera par j^1 l'opérateur différentiel du 1er ordre qui à chaque section de $\mathcal{V}$ associe son jet du premier ordre :

$$j^1 : \mathcal{V} \longrightarrow P^1(\mathcal{V}) \simeq \mathcal{O}_{X_1} \otimes_{\mathcal{O}_X} \mathcal{V} \quad .$$

Une connexion 2.2.4 peut s'interpréter comme un homomorphisme (automatiquement un isomorphisme)

$$\gamma = p_1^*\, \mathcal{V} \longrightarrow p_2^*\, \mathcal{V} \tag{2.3.1}$$

qui induise l'identité au-dessus de $X_\circ$. Puisque

$$\mathrm{Hom}_{X_1} (p_1^*\, \mathcal{V} , p_2^*\, \mathcal{V}) \simeq \mathrm{Hom}\, (\mathcal{V}, p_{1*} p_2^*\, \mathcal{V}) \quad ,$$

une connexion s'interprète encore comme un homomorphisme ($\mathcal{O}$-linéaire)

(2.3.2) $$D : \mathcal{V} \longrightarrow P^1(\mathcal{V})$$

tel que la flèche composée évidente

$$\mathcal{V} \xrightarrow{D} P^1(\mathcal{V}) \longrightarrow \mathcal{V}$$

soit l'identité. Les sections Ds et $j^1(s)$ de $P^1(\mathcal{V})$ ont donc meme image dans $\mathcal{V}$, et $j^1(s) - D(s)$ s'identifie à une section ∇s de $\Omega^1_X \otimes \mathcal{V} \simeq \mathrm{Ker}\ (P^1(\mathcal{V}) \longrightarrow \mathcal{V})$:

(2.3.3) $$\nabla : \mathcal{V} \longrightarrow \Omega^1(\mathcal{V}) \quad ,$$

(2.3.4) $$j^1(s) = D(s) + \nabla s \quad .$$

En d'autres termes, une connexion 2.2.4., permettant de comparer deux fibres voisines de $\mathcal{V}$, permet aussi de définir la différentielle ∇s d'une section de $\mathcal{V}$.

Réciproquement, la formule 2.3.4 permet de définir D et donc γ à partir de la dérivée covariante ∇. Pour que D soit linéaire, il faut et il suffit que ∇ vérifie l'identité

(2.3.5) $$\nabla(fs) = df.s + f.\nabla s \quad .$$

La définition 2.2.4 équivaut donc à la définition suivante, due à J.L. Koszul.

<u>Définition</u> 2.4. <u>Soit</u> $\mathcal{V}$ <u>un fibré vectoriel</u> (<u>holomorphe</u>) <u>sur une variété analytique complexe</u> X . <u>Une</u> connexion holomorphe (<u>ou simplement</u> connexion) <u>sur</u> $\mathcal{V}$ <u>est un homomorphisme</u> $\mathbb{C}$-<u>linéaire</u>

$$\nabla : \mathcal{V} \longrightarrow \Omega^1_X(\mathcal{V}) = \Omega^1_X \otimes_{\mathcal{O}} \mathcal{V}$$

<u>vérifiant l'identité de Leibniz</u> (2.3.5) <u>pour</u> f <u>et</u> s <u>sections locales de</u> $\mathcal{O}$ <u>et de</u> $\mathcal{V}$. <u>On appelle</u> ∇ <u>la</u> dérivée covariante <u>définie par la connexion</u>.

2.5. Si le fibré vectoriel $\mathcal{V}$ est muni d'une connexion Γ de dérivée covariante ∇, et si w est un champ de vecteurs holomorphes sur X , on pose, pour toute section locale v de $\mathcal{V}$ sur un ouvert U de X

$$\nabla_w(v) = \langle \nabla v, w \rangle \in \mathcal{V}(U) \quad .$$

On appelle $\nabla_w : \mathcal{V} \longrightarrow \mathcal{V}$ la <u>dérivée covariante selon le champ de vecteur</u> w .

2.6. Si ${}_1\Gamma$ et ${}_2\Gamma$ sont deux connexions sur X , de dérivées covariantes ${}_1\nabla$ et ${}_2\nabla$, alors ${}_2\nabla - {}_1\nabla$ est un homomorphisme $\mathcal{O}$-linéaire de $\mathcal{V}$ dans $\Omega^1_X(\mathcal{V})$. Réciproquement, la somme de ${}_1\nabla$ et d'un tel homomorphisme définit une connexion sur $\mathcal{V}$: les connexions sur $\mathcal{V}$ formant un espace principal homogène (ou torseur) sous $\underline{\mathrm{Hom}}(\mathcal{V},\Omega^1_X(\mathcal{V})) \simeq \Omega^1_X(\underline{\mathrm{End}}(\mathcal{V}))$.

2.7. Si des fibrés vectoriels sont munis de connexions, tout fibré vectoriel qui s'en déduit par une "opération tensorielle" est encore muni d'une connexion. Ceci est évident sur 2.2.4 . De façon précise, soient $\mathcal{V}_1$ et $\mathcal{V}_2$ deux fibrés vectoriels munis de connexions de dérivées covariantes ∇_1 et ∇_2 .

2.7.1. On définit une connexion sur $\mathcal{V}_1 \oplus \mathcal{V}_2$ par la formule

$$\nabla_w(v_1+v_2) = {}_1\nabla_w(v_1) + {}_1\nabla_w(v_2) \quad .$$

2.7.2. On définit une connexion sur $\mathcal{V}_1 \otimes \mathcal{V}_2$ par la formule de Leibniz

$$\nabla_w(v_1 \otimes v_2) = \nabla_w v_1.v_2 + v_1.\nabla_w v_2 \quad .$$

2.7.3. On définit une connexion sur $\underline{\mathrm{Hom}}(\mathcal{V}_1,\mathcal{V}_2)$ par la formule

$$(\nabla_w f)(v_1) = {}_2\nabla_w(f(v_1)) - f({}_1\nabla v_1)$$

La connexion canonique sur $\mathcal{O}$ est la connexion pour laquelle $\nabla f = df$. Soit $\mathcal{V}$ un fibré vectoriel muni d'une connexion.

2.7.4. On définit une connexion sur le dual $\mathcal{V}^\vee$ de $\mathcal{V}$ via 2.7.3 et l'isomorphisme de définition $\mathcal{V}^\vee = \underline{\mathrm{Hom}}(\mathcal{V},\mathcal{O})$. On a

$$< \nabla_w v',v > = \partial_w < v',v > - < v',\nabla_w v > .$$

On laisse au lecteur le soin de vérifier que ces formules définissent bien des connexions. Pour 2.7.2 par exemple, il faut vérifier d'une part que la formule donnée définit une application $\mathbb{C}$-bilinéaire de $(\mathcal{V}_1 \otimes \mathcal{V}_2)$, ce qui signifie que le second membre $II(v_1,v_2)$ est $\mathbb{C}$-bilinéaire et vérifie $II(fv_1,v_2) = II(v_1,fv_2)$; d'autre part, il faut vérifier l'identité (2.3.5) .

2.8. Un $\mathcal{O}$-homomorphisme f entre fibrés vectoriels $\mathcal{V}_1$ et $\mathcal{V}_2$ munis de connexions est dit <u>compatible aux connexions</u> si

$$_2\nabla . f = f . _1\nabla \quad .$$

D'après 2.7.3, cela revient à dire que $\nabla f = 0$, si f est regardé comme une section de $\underline{\mathrm{Hom}}(\mathcal{V}_1,\mathcal{V}_2)$. Par exemple, d'après 2.7.3, l'application canonique

$$\mathrm{Hom}(\mathcal{V}_1,\mathcal{V}_2) \otimes \mathcal{V}_1 \longrightarrow \mathcal{V}_2$$

est compatible aux connexions.

2.9. Une section locale v de $\mathcal{V}$ est dite <u>horizontale</u> si $\nabla v = 0$. Si f est un homomorphisme entre fibrés $\mathcal{V}_1$ et $\mathcal{V}_2$ munis de connexions, il revient donc au même de dire que f est horizontal, ou que f est compatible aux connexions (2.8).

2.10. Soit $\mathcal{V}$ un fibré vectoriel holomorphe sur X . On pose $\Omega_X^p = \overset{p}{\wedge}\, \Omega_X^1$ et $\Omega_X^p(\mathcal{V}) = \Omega_X^p \otimes_{\mathcal{O}} \mathcal{V}$ (faisceau des p-<u>formes différentielles extérieures à valeurs dans</u> $\mathcal{V}$). Supposons que $\mathcal{V}$ soit muni d'une connexion holomorphe. On définit alors des morphismes $\mathbb{C}$-linéaires

(2.10.1) $$\nabla : \Omega_X^p(\mathcal{V}) \longrightarrow \Omega_X^{p+1}(\mathcal{V})$$

caractérisés par la formule suivante

(2.10.2) $$\nabla(\alpha,v) = d\alpha . v + (-1)^p \alpha \wedge \nabla v \ ,$$

où α est une section locale de Ω^p , v une section locale de $\mathcal{V}$ et d la différentielle extérieure. Pour vérifier que le second membre $II(\alpha,v)$ de (2.10.2) définit un homomorphisme (2.10.1), il suffit de vérifier que $II(\alpha,v)$ est $\mathbb{C}$-bilinéaire et vérifie

$$II(f\alpha,v) = II(\alpha,fv) \ .$$

On a en effet

$$II(f\alpha,v) = d(f\alpha)\ v + (-1)^p\ f\alpha \wedge \nabla v = d\alpha . fv + df \wedge \alpha . v + (-1)^p f\alpha \wedge \nabla v$$

$$= d\alpha\ .\ fv + (-1)^p\ \alpha \wedge (f\nabla v + df.v) = II(\alpha,fv) \quad .$$

Soient $\mathcal{V}_1$ et $\mathcal{V}_2$ deux fibrés vectoriels munis de connexions et soit $\mathcal{V}$ leur produit tensoriel (2.7.2) . On désigne par $\wedge$ les applications évidentes

$$\wedge = \Omega^p(\mathcal{V}_1) \otimes \Omega^q(\mathcal{V}_2) \longrightarrow \Omega^{p+q}(\mathcal{V})$$

telles que, pour α(resp β, resp v_1, resp v_2) section locale de Ω^p(resp Ω^q, resp $\mathcal{V}_1$, resp $\mathcal{V}_2$), on ait $(\alpha \otimes v_1) \wedge (\beta \otimes v_2) = (\alpha \wedge \beta) \otimes (v_1 \otimes v_2)$. Si ν_1 (resp ν_2) est une section locale de $\Omega^p(\mathcal{V}_1)$ (resp $\Omega^q(\mathcal{V}_2)$, on a

(2.10.3) $$\nabla(\nu_1 \wedge \nu_2) = \nu_1 \wedge \nu_2 + (-1)^p \nu_1 \wedge \nabla \nu_2 .$$

En effet, si $\nu_1 = \alpha v_1$ et $\nu_2 = \beta v_2$, on a

$$\begin{aligned}
\nabla(\nu_1 \wedge \nu_2) &= \nabla(\alpha \wedge \beta \otimes v_1 \otimes v_2) = d(\alpha \wedge \beta).v_1 \otimes v_2 + (-1)^{p+q} \alpha \wedge \beta \wedge \nabla(v_1 \otimes v_2) \\
&= d\alpha \wedge \beta\, v_1 \otimes v_2 + (-1)^p \alpha \wedge d\beta\, v_1 \otimes v_2 + (-1)^{p+q} \alpha \wedge \beta \wedge \nabla v_1 \otimes v_2 + (-1)^{p+q} \alpha \wedge \beta . v_1 \wedge \nabla v_2 \\
&= d\alpha . v_1 \wedge \nu_2 + (-1)^p \nu_1 \wedge d\beta\, v_2 + (-1)^p \alpha \wedge \nabla v_1 \wedge \nu_2 + (-1)^{p+q} \nu_1 \wedge \beta \wedge \nabla v_2 \\
&= (d\alpha . v_1 + (-1)^p \alpha \wedge \nabla v_1) \wedge \nu_2 + (-1)^p \nu_1 \wedge (d\beta . v_2 + (-1)^q \beta \wedge \nabla v_2) \\
&= \nabla \nu_1 \wedge \nu_2 + (-1)^p \nu_1 \wedge \nabla \nu_2 .
\end{aligned}$$

Soit $\mathcal{V}$ un fibré vectoriel muni d'une connexion. Si on applique la formule précédente à $\mathcal{O}$ et $\mathcal{V}$, on trouve que pour α(resp ν) section locale de Ω^p(resp $\Omega^q(\mathcal{V})$), on a

(2.10.4) $$\nabla(\alpha \wedge \nu) = \nabla\alpha \wedge \nu + (-1)^p \alpha \wedge \nabla\nu .$$

Itérons cette formule :

(2.10.5) $$\begin{aligned}
\nabla\nabla(\alpha \wedge \nu) &= \nabla(d\alpha \wedge \nu + (-1)^p \alpha \wedge \nabla\nu) \\
&= dd\alpha \wedge \nu + (-1)^{p+1} d\alpha \wedge \nabla\nu + (-1)^p d\alpha \wedge \nabla\nu + \alpha \wedge \nabla\nabla\nu = \alpha \wedge \nabla\nabla\nu .
\end{aligned}$$

<u>Définition</u> 2.11. <u>Sous les hypothèses de</u> 2.10, <u>la</u> courbure R <u>de la connexion donnée sur</u> $\mathcal{V}$ <u>est l'homomorphisme composé</u>

$$: \mathcal{V} \longrightarrow \Omega^2_X(\mathcal{V}) ,$$

<u>vu comme section de</u> $\mathrm{Hom}(\mathcal{V}, \Omega^2_X(\mathcal{V})) \simeq \Omega^2_X(\mathrm{End}(\mathcal{V}))$.

2.12. La formule 2.10.4 pour $q = 0$ fournit

(2.12.1) $$\nabla\nabla(\alpha . v) = \alpha \wedge R(v) ,$$

formule qu'on écrira aussi

(2.12.2) $\nabla\nabla(\nu) = R \wedge \nu$ (identité de Ricci) .

Munissons End($\mathcal{V}$) de la connexion 2.7.3 . La formule $\nabla(\nabla\nabla) = (\nabla\nabla)\nabla$ peut s'écrire $\nabla(R \wedge \nu) = R \wedge \nabla\nu$. D'après 2.7.3, on a $\nabla R \wedge \nu = \nabla(R \wedge \nu) - R \wedge \nabla\nu$ de sorte que

(2.12.3) $\nabla R = 0$ (identité de Bianchi) .

2.13. Si α est une p-forme différentielle extérieure, on sait que

$$< d\alpha, X_o \wedge \ldots X_p > = \Sigma(-1)^i \, j_{X_i} < \alpha, X_o \wedge \ldots \hat{X}_i \ldots \wedge X_p >$$
$$+ \sum_{i<j} (-1)^{i+j} < \alpha, [X_i, X_j] \wedge X_o \wedge \ldots \hat{X}_i \ldots \hat{X}_j \ldots X_p > .$$

De cette formule, et de (2.10.2), on tire que pour ν section locale de $\Omega^p_X(\mathcal{V})$, et $X_o \ldots X_p$ des champs de vecteurs holomorphes, on a

(2.13.1)
$$<\nabla\nu, X_o \wedge \ldots \wedge X_p > = \Sigma(-1)^i \nabla_{X_i} < \nu, X_o \wedge \ldots \hat{X}_i \ldots \wedge X_p >$$
$$+ \sum_{i<j} (-1)^{i+j} <\nu, [X_i, X_j] \wedge X_o \wedge \ldots \hat{X}_i \ldots \hat{X}_j \wedge X_p > .$$

En particulier, pour v section locale de $\mathcal{V}$, on a

$$<\nabla\nabla v, X_1 \wedge X_2 > = \nabla_{X_1} <\nabla v, X_2> - \nabla_{X_2} <\nabla v, X_1 > - <\nabla v, [X_1, X_2]>$$

(2.13.2) $R(X_1, X_2)(v) = \nabla_{X_1} \nabla_{X_2} v - \nabla_{X_2} \nabla_{X_1} v - \nabla_{[X_1, X_2]} v$.

Définition 2.14. Une connexion est dite intégrable si sa courbure est nulle, i.e. si on a identiquement (2.13.2)

$$\nabla_{[X,Y]} = [\nabla_X, \nabla_Y] .$$

Si $\dim(X) \leq 1$, toute connexion est intégrable.

Si Γ est une connexion intégrable sur $\mathcal{V}$, les morphismes ∇ de 2.10.1 vérifient $\nabla\nabla = 0$, de sorte que les $\Omega^p(\mathcal{V})$ forment un complexe différentiel $\Omega^*(\mathcal{V})$.

Définition 2.15. Sous les hypothèses précédentes, le complexe $\Omega^*(\mathcal{V})$ s'appelle le complexe de De Rham holomorphe à valeur dans $\mathcal{V}$.

Les résultats 2.16 à 2.19 qui suivent seront démontrés dans un cadre plus général en 2.23 .

Proposition 2.16. *Soient* V *un système local complexe sur une variété analytique complexe* (0.6) X *et* $\mathcal{V} = \mathcal{O} \otimes_{\mathbb{C}} V$.

(i) *Il existe sur le fibré vectoriel* $\mathcal{V}$ *une et une seule connexion, dite canonique, pour laquelle les sections horizontales de* $\mathcal{V}$ *soient les sections locales du sous-faisceau* V *de* $\mathcal{V}$.

(ii) *La connexion canonique de* $\mathcal{V}$ *est intégrable*.

(iii) *Pour* f (resp v) *section locale de* $\mathcal{O}$ (resp V), *on a*

(2.16.1) $$\nabla(fv) = df.v \ .$$

Si ∇ vérifie (i), alors (2.16.1) est cas particulier de (2.3.5). Réciproquement, le second membre II(f,v) de (2.16.1) est C-bilinéaire et s'étend donc de façon unique en une application $\mathbb{C}$-linéaire $\nabla : \mathcal{V} \longrightarrow \Omega^1(\mathcal{V})$, dont on vérifie qu'elle définit une connexion. L'assertion (ii) est locale sur X , ce qui permet de se ramener au cas où $V = \underline{\mathbb{C}}$. A ce moment, $\mathcal{V} = \mathcal{O}$, $\nabla = d$, et $\nabla_{[X,Y]} = [\nabla_X, \nabla_Y]$ par définition de $[X,Y]$.

Il est bien connu que :

Théorème 2.17. *Soit* X *une variété analytique complexe. Les foncteurs suivants* :

a) V , *système local complexe* $\longmapsto \mathcal{V} = \mathcal{O} \otimes V$, *muni de sa connexion canonique*

b) $\mathcal{V}$, *fibré vectoriel holomorphe, muni d'une connexion intégrable* $\longmapsto$

V , *sous-faisceau des sections horizontales* ($\nabla v = 0$) *de* $\mathcal{V}$,

sont des équivalences de catégories quasi-inverses l'une dans l'autre entre la catégorie des systèmes locaux complexes sur X *et la catégorie des fibrés vectoriels holomorphes à connexion intégrable sur* X (*avec pour morphismes les morphismes horizontaux de fibrés vectoriels*).

Ces équivalences sont compatibles à la formation du produit tensoriel, du Hom interne et du dual ; au système local complexe unité $\underline{\mathbb{C}}$ correspond le fibré $\mathcal{O}$, muni de la connexion telle que $\nabla f = df$.

On déduit de la définition 2.10.2 que

Proposition 2.18. *Si* V *est un système local complexe sur* X , *et si* $\mathcal{V} = \mathcal{O} \otimes_{\mathbb{C}} V$, alors le système des isomorphismes $\Omega_X^p \otimes_{\mathbb{C}} V \simeq \Omega_X^p \otimes_{\mathcal{O}} \mathcal{O} \otimes_{\mathbb{C}} V \simeq \Omega_X^p \otimes_{\mathcal{O}} \mathcal{V}$ est un isomorphisme de complexes

$$\Omega_X^* \otimes_{\mathbb{C}} V \longrightarrow \Omega_X^*(\mathcal{V}) \ .$$

De là, et du lemme de Poincaré holomorphe résulte que

Proposition 2.19. Sous les hypothèses de 2.16, le complexe $\Omega_X^*(\mathcal{V})$ est une résolution du faisceau $\mathcal{V}$.

2.20. Variantes.

2.20.1. Si X est une variété différentiable, et pour des connexions C^∞ sur des fibrés vectoriels C^∞ , tous les résultats qui précèdent restent valables, mutatis mutandis. Nous n'auront pas à les utiliser sous cette forme.

2.20.2. Le théorème 2.17 fait un usage essentiel de la non-singularité de X ; il est donc sans intérêt de noter que cette hypothèse n'a pas été utilisée de facon essentielle avant 2.17.

2.20.3. La définition 2.4 d'une connexion et la définition 2.11 d'une connexion intégrable sont suffisamment formelles pour se transposer dans la catégorie des schémas, ou dans des situations relatives :

Définition 2.21. (i) Soit $f : X \longrightarrow S$ un morphisme lisse de schémas et $\mathcal{V}$ un faisceau quasi-cohérent sur X . Une connexion relative sur $\mathcal{V}$ est un morphisme $f^*\mathcal{O}_S$-linéaire de faisceaux (appelé la dérivée covariante définie par la connexion)

$$\nabla \ : \ \mathcal{V} \longrightarrow \Omega^1_{X/S}(\mathcal{V})$$

vérifiant identiquement, pour f (resp v) section locale de $\mathcal{O}_X$ (resp $\mathcal{V}$)

$$\nabla(fv) = f.\nabla v + df.v \quad .$$

(ii) Pour $\mathcal{V}$ muni d'une connexion relative, il existe un et un seul système de $f^*\mathcal{O}_S$-homomorphismes de faisceaux

$$\nabla^{(p)} \text{ ou } \nabla \ : \ \Omega^p_{X/S}(\mathcal{V}) \longrightarrow \Omega^{p+1}_{X/S}(\mathcal{V})$$

vérifiant les identités (2.10.4) et tel que $\nabla^{(0)} = \nabla$.

(iii) La courbure d'une connexion est définie par

$$R = \nabla^{(1)}\ \nabla^{(0)} \in \underline{\mathrm{Hom}}(\mathcal{V},\Omega^2_{X/S}(\mathcal{V})) \simeq \Omega^2_{X/S}(\underline{\mathrm{End}}\ (\mathcal{V}))$$

La courbure vérifie les identités de Ricci (2.12.2) et de Bianchi (2.12.3).

(iv) Une connexion intégrable est une connexion à courbure nulle.

v) Le complexe de De Rham défini par une connexion intégrable est le complexe $(\Omega^p_{X/S}(\mathcal{V}),\nabla)$.

2.22. Soit $f : X \longrightarrow S$ un morphisme lisse d'espaces analytiques complexes ; par hypothèse, f est donc localement (à la source) isomorphe à une projection $pr_2 : \mathbb{C}^n \times S \longrightarrow S$ $(n \in \mathbb{N})$. Un système local relatif sur X est un faisceau de $f^*\mathcal{O}_S$-modules, localement isomorphe à l'image réciproque faisceautique d'un faisceau analytique cohérent sur S . Si $\mathcal{V}$ est un faisceau analytique cohérent sur X , une connexion relative sur $\mathcal{V}$ est un homomorphisme $f^*\mathcal{O}_S$-linéaire

$$\nabla : \mathcal{V} \longrightarrow \Omega^1_{X/S}(\mathcal{V})$$

vérifiant identiquement, pour f (resp v) section locale de $\mathcal{O}$ (resp $\mathcal{V}$)

$$\nabla(fv) = f.\nabla v + df.v \quad .$$

Un morphisme entre fibrés vectoriels munis de connexions relatives est un morphisme de fibrés vectoriels qui commute à ∇ . On définit comme en 2.11 et 2.21 la courbure $R \in \Omega^2_{X/S}(\mathrm{End}(\mathcal{V}))$ d'une connexion relative. Une connexion relative est dite intégrable si $R = 0$, auquel cas on dispose du complexe de De Rham relatif à valeurs dans $\mathcal{V}$ $\Omega^*_{X/S}(\mathcal{V})$, défini comme en 2.15 et 2.21 .

Les énoncés "absolus" 2.17, 2.18 et 2.19 ont pour analogues "relatifs" (i.e. "avec paramètres") :

Théorème 2.23. Sous les hypothèses 2.22, on a :

(i) Pour tout système local relatif V sur X , il existe sur le faisceau analytique cohérent $\mathcal{V} = \mathcal{O}_X \otimes_{f^*\mathcal{O}_S} V$ une et une seule connexion relative, dite canonique, telle qu'une section locale v de $\mathcal{V}$ soit horizontale $(\nabla v = 0)$ si et seulement si v est une section de V ; cette connexion est intégrable.

(ii) Etant donné un système local relatif V sur X , le complexe de De Rham défini *par* $\mathcal{V} = \mathcal{O}_X \otimes_{f^*\mathcal{O}_S} V$, *muni de sa connexion canonique, est une résolution du faisceau* V .

(iii) *Les foncteurs suivants*

a) V *(système local relatif)* $\longmapsto \mathcal{V} = \mathcal{O}_X \otimes_{f^*\mathcal{O}_S} V$, *muni de sa connexion canonique,*

b) $\mathcal{V}$, *faisceau analytique cohérent sur* X , *muni d'une connexion intégrable relative* $\longmapsto$ *le sous-faisceau de ses sections horizontales* $(\nabla v = 0)$

sont des équivalences de catégories quasi-inverses l'une de l'autre entre la catégorie des systèmes locaux relatifs sur X *et la catégorie des faisceaux analytiques cohérents sur* X , *munis d'une connexion intégrable relative.*

Prouvons (i). Pour vérifier que $\mathcal{V}$ est cohérent, il suffit de le faire localement, pour $V = f^{\cdot} V_{\circ}$, auquel cas $\mathcal{V}$ est l'image réciproque, au sens des faisceaux analytiques cohérents, de $\mathcal{V}_{\circ}$. La connexion relative canonique vérifie nécessairement, pour f (resp $v_{\circ}$) section locale de $\mathcal{O}_X$ (resp de V) ,

(2.23.1) $$\nabla(fv_{\circ}) = df.v_{\circ} \quad .$$

Le second membre $II(f,v_{\circ})$ de cette formule est biadditif en f et $v_{\circ}$, et vérifie, pour g section locale de $f^*\mathcal{O}_S$, l'identité

$$II(fg,v_{\circ}) = II(f,gv_{\circ}) ,$$

(utiliser que $dg = 0$ dans $\Omega^1_{X/S}$) . On en déduit l'existence et l'unicité d'une connexion relative ∇ vérifiant (2.23.1). On a enfin

$$\nabla\nabla(fv_{\circ}) = \nabla\nabla(df.v_{\circ}) = ddf.v_{\circ} = 0 \ ;$$

la connexion canonique ∇ est donc intégrable. Que seules les sections de V soient horizontales est un cas particulier de (ii) prouvé ci-dessous.

2.23.2. Traitons tout d'abord le cas particulier de (ii) où $S = D^n$, $X = D^n \times D^m$, $f = pr_2$ et où le système local relatif V est l'image inverse de $\mathcal{O}_S$. Le complexe de sections globales

$$0 \longrightarrow \Gamma(f^{\cdot}\mathcal{O}_S) \longrightarrow \Gamma(\mathcal{O}_X) \longrightarrow \Gamma(\Omega^1_{X/S}) \longrightarrow \dots$$

est acyclique, car il admet l'opérateur d'homotopie suivant.

a) $H : \Gamma(\mathcal{O}_X) \longrightarrow \Gamma(f^{\cdot}\mathcal{O}_S) = \Gamma(S,\mathcal{O}_S)$ est l'image inverse par la section 0 de f

b) un élément $\omega \in \Gamma(\Omega^p_{X/S})$ $(p > 0)$ se représente d'une et d'une seule facon comme une somme de séries convergentes

$$\omega = \sum_{\substack{I \subset [1,m] \\ |I| = p}} \sum_{\underline{n} \in N^{m+n}} a^I_{\underline{n}} \prod_{i \in I} x_i^{n_i} dx_i \prod_{i \in [1,m+n]-I} x_i^{n_i}$$

et on pose

$$H(\omega) = \sum_{I \subset [1,m]} \sum_{j \in I} \sum_{\underline{n} \in N^{m+n}} a^I_{\underline{n}} \prod_{\substack{j \in I \\ i \neq j}} x_j^{n_j} dx_j \frac{x_j^{n_j+1}}{n_j + 1} \prod_{i \in [1,m+n]-I} x_i^{n_i} .$$

Ceci reste vrai si on remplace D^{m+n} par un polycylindre plus petit, et $\Omega^*_{X/S}$ est donc une résolution de $f^{\cdot}\mathcal{O}_S$.

2.23.3. Prouvons (ii). L'assertion (ii) est de nature locale sur X et S . Désignant par D le disque unité ouvert, on peut donc se ramener au cas où S est une partie analytique fermée du polycylindre D^n , où $X = D^m \times S$, avec $f = pr_2$ et où V est l'image réciproque d'un faisceau analytique cohérent $V_\circ$ sur S . Appliquant le théorème des sizygies, et quitte à rétricir X et S , on peut de plus supposer que l'image directe de $V_\circ$ sur D^n , qu'on désignera encore par $V_\circ$, admet une résolution finie $\underline{L}$ par des $\mathcal{O}_{D^n}$-modules cohérents libres. Pour prouver (ii), il est loisible de remplacer $V_\circ$ par son image directe sur D^n et de supposer que $D^n = S$, ce qu'on fera désormais.

Si Σ est une suite exacte courte de $\mathcal{O}_S$-modules cohérents

$$\Sigma_\circ : 0 \longrightarrow V'_\circ \longrightarrow V_\circ \longrightarrow V''_\circ \longrightarrow 0 ,$$

soit $\Sigma = f^{\cdot}\Sigma_\circ$ la suite exacte de systèmes locaux relatifs image réciproque de $\Sigma_\circ$ (la suite Σ est exacte car $f^{\cdot}$ est un foncteur exact) et soit $\Omega^*_{X/S}(\Sigma)$ la suite exacte correspondante de complexes de De Rham relatifs

$$\Omega^*_{X/S}(\Sigma) : 0 \longrightarrow \Omega^p_{X/S} \otimes_{f^{\cdot}\mathcal{O}_S} f^{\cdot}V'_\circ \longrightarrow \Omega^p_{X/S} \otimes_{f^{\cdot}\mathcal{O}_S} f^{\cdot}V_\circ \longrightarrow \Omega^p_{X/S} \otimes_{f^{\cdot}\mathcal{O}_S} f^{\cdot}V''_\circ \longrightarrow 0 .$$

Cette suite est exacte car $\Omega^p_{X/S}$ est plat sur $f^{\cdot}\mathcal{O}_S$, étant localement libre sur $\mathcal{O}_X$ lui-même plat sur $f^{\cdot}\mathcal{O}_S$.

Le diagramme du serpent appliqué à $\Omega^*_{X/S}(\Sigma)$ montre que si l'assertion (ii) est vérifiée pour deux des systèmes locaux relatifs $f^{\cdot}V'_{\circ}$, $f^{\cdot}V_{\circ}$ et $f^{\cdot}V''_{\circ}$, alors elle est encore vérifiée pour le troisième. On en déduit par récurrence que si $V_{\circ}$ admet une résolution finie M_{*} par des modules vérifiant (ii), alors $V_{\circ}$ vérifie (ii). Ceci, appliqué à $V_{\circ}$ et $\underline{L}^{*}$, achève la démonstration de (i) et (ii).

Il résulte de (ii) que le composé des foncteurs (iii) b et (iii) a (dans l'ordre (iii)b ∘ (iii)a) est canoniquement isomorphe à l'identité ; de plus, si V_1 et V_2 sont deux systèmes locaux relatifs, et si $u : \mathcal{V}_1 \longrightarrow \mathcal{V}_2$ est un homomorphisme induisant 0 sur V_1 , alors $u = 0$ puisque V_1 engendre $\mathcal{V}_1$; il en résulte que le foncteur (iii)a est pleinement fidèle. Il reste à montrer que tout fibré vectoriel $\mathcal{V}$ muni d'une connexion relative ∇ provient localement d'un système local relatif

<u>Cas</u> 1. $S = D^n$, $X = D^{n+1} = D^n \times D$, $f = pr_1$ <u>et</u> $\mathcal{V}$ <u>est libre</u>.

Sous ces hypothèses, si v est une quelconque section de l'image réciproque de $\mathcal{V}$ par la section zéro $s_{\circ}$ de f , il existe une et une seule section horizontale $\tilde{v}$ de $\mathcal{V}$ qui coïncide avec v sur $s_{\circ}(S)$ (existence et unicité pour un problème de Cauchy avec paramètres). Si (e_i) est une base de $s_{\circ}^{*}\mathcal{V}$, les $\tilde{e}_i$ forment une base horizontale de $\mathcal{V}$, et $(\mathcal{V},\underline{\nabla})$ est défini par le système local relatif $f^{\cdot}s_{\circ}^{*}\mathcal{V} \simeq f^{\cdot}\mathcal{O}_S^k$

<u>Cas</u> 2. $S = D^n$, $X = D^{n+1} = D^n \times D$, $f = pr_1$.

Quitte à rétrécir X et S , on se ramène à supposer que $\mathcal{V}$ admet une présentation libre

$$\mathcal{V}_1 \xrightarrow{d} \mathcal{V}_{\circ} \xrightarrow{\varepsilon} \mathcal{V} \longrightarrow 0 .$$

Quitte à se rétrécir davantage, on se ramène au cas où de plus $\mathcal{V}_o$ et $\mathcal{V}_1$ admettent des connexions ∇_1 et ∇_o , telles que ε et d soient compatibles aux connexions (si e_i est une base de $\mathcal{V}_o$, ∇_o est déterminé par les $\nabla_o e_i$, et il suffit de choisir les $\nabla_o e_i$ tels que $\varepsilon(\nabla_o e_i) = \nabla(\varepsilon(e_i))$; on procède de même pour ∇_1).
Les connexions ∇_o et ∇_1 sont automatiquement intégrables, puisque f est de dimension relative 1 . Il existe donc (cas 1) des systèmes locaux relatifs V_o et V_1 tels que $(\mathcal{V}_i,\nabla_i) \approx \mathcal{O}_X \otimes_{f^{\cdot}\mathcal{O}_S} V_i$. On a dès lors

$$(\mathcal{V},\nabla) \simeq \mathcal{O}_X \otimes_{f^{\cdot}\mathcal{O}_S} (V_o/dV_1)$$

<u>Cas</u> 3. f <u>est de dimension relative</u> 1 .

On se ramène à supposer que S est une partie analytique fermée de D^n et que $X = S \times D$, $f = pr_1$. Les systèmes locaux relatifs (resp. les modules à connexion relative) sur X s'identifient alors aux systèmes locaux relatifs (resp. aux modules à connexion relative) sur $D^n \times D$ annulés par l'image inverse de l'idéal qui définit S , et on conclut par le cas 2.

<u>Cas général</u>. Procédons par récurrence sur la dimension relative n de f . Le cas $n = 0$ est trivial. Si $n \neq 0$, on se ramène au cas où $X = S \times D^{n-1} \times D$ et où $f = pr_1$ Le fibré à connexion $(\mathcal{V},\nabla)$ induit sur $X_\circ = S \times D^{n-1} \times \{0\}$ un fibré à connexion $\mathcal{V}_\circ$ qui, par récurrence est du type $(\mathcal{V}_\circ,\nabla_\circ) = \mathcal{O}_{X_\circ} \otimes_{pr_1^{\cdot}\mathcal{O}_S} V$. La projection p de X sur $S \times D^{n-1}$ est de dimension relative un, et la connexion relative ∇ induit une connexion relative pour $\mathcal{V}$ sur $X/S \times D^{n-1}$. D'après le cas 3, il existe un fibré vectoriel V_1 sur $S \times D^{n-1}$ et un isomorphisme de fibrés à connexion relative (pour p)

$$\mathcal{V} \simeq \mathcal{O}_X \otimes_{p^{\cdot}\mathcal{O}_{S \times D^{n-1}}} p^{\cdot}V_1 \quad .$$

Le fibré vectoriel V_1 s'identifie à la restriction de $\mathcal{V}$ à $X_\circ$, d'où un isomorphisme de fibrés vectoriels

$$\alpha : \mathcal{V} \simeq \mathcal{O}_X \otimes_{f^{\cdot}\mathcal{O}_S} V$$

vérifiant

(i) La restriction de α à $X_\circ$ est horizontale

(ii) α est "relativement horizontal" pour p .

Si v est une section de V , la condition (ii) signifie que

$$\nabla_{x_n} v = 0 \ .$$

Si $1 \leq i < n$, et puisque $R = 0$, on a par l'analogue relatif de (2.13.2) :

$$\nabla_{x_n} \nabla_{x_i} v = \nabla_{x_i} \nabla_{x_n} v = 0 \ .$$

En d'autres termes, $\nabla_{x_i} v$ est une section horizontale relative, pour p , de $\mathcal{V}$; d'après (i), elle s'annule sur $X_\circ$, donc elle est nulle et on conclut que $\nabla v = 0$. L'isomorphisme α est donc horizontal et ceci achève la démonstration de 2.23.

Quelques résultats de topologie générale (2.24 à 2.27) seront nécessaires pour déduire (2.28) ci-dessous de 2.23.

Rappel 2.24. Soit, dans un espace topologique X, Y une partie fermée ayant un voisinage paracompact. Pour tout faisceau $\underline{F}$ sur X, on a, U parcourant les voisinages de Y

$$\varinjlim H^*(U,\underline{F}) \xrightarrow{\sim} H^*(Y,\underline{F}) .$$

Voir Godement [7] II 4.11.1 p. 193.

Corollaire 2.25. Soit $f : X \longrightarrow S$ un morphisme propre et séparé d'espace topologiques. On suppose S localement paracompact (0.5). Alors, pour tout $s \in S$, et tout faisceau $\underline{F}$ sur X, on a

$$(R^i f_* \underline{F})_s \simeq H^i(f^{-1}(s), \underline{F}|f^{-1}(s)) .$$

Puisque f est fermée, les $f^{-1}(U)$ pour U voisinage de s forment un système fondamental de voisinages de $f^{-1}(s)$. De plus, pour U paracompact, $f^{-1}(U)$ est paracompact, car f est propre et séparée. On conclut par 2.24.

Rappel 2.26. Soient X un espace topologique paracompact localement contractile, i un entier et V un système local complexe sur X, vérifiant $\dim_{\mathbb{C}} H^i(X,V) < \infty$. Alors, pour tout vectoriel A sur $\mathbb{C}$, pouvant être de dimension infinie, on a

(2.26.1) $$A \otimes_{\mathbb{C}} H^i(X,V) \xrightarrow{\sim} H^i(X, A \otimes_{\mathbb{C}} V) .$$

Désignons par $H_*(X,V^*)$ l'homologie singulière de X, à coefficients dans V^*. La formule des coefficients universels, valable ici, donne

(2.26.2) $$H^i(X, A \otimes V) \simeq \mathrm{Hom}_{\mathbb{C}}(H_i(X,V^*),A)$$

Pour $A = \mathbb{C}$, on en conclut que $\dim H_i(X,V^*) < \infty$. La formule (2.26.1) résulte alors de (2.26.2).

2.27. Soit $f : X \longrightarrow S$ un morphisme lisse d'espace analytiques complexes et soit V un système local sur X. Le faisceau

(2.27.1) $$V_{rel} = f^{\cdot}\mathcal{O}_S \otimes_{\mathbb{C}} V$$

est alors un système local relatif. On désignera par $\Omega^*_{X/S}(V)$ le complexe de De Rham correspondant. D'après 2.23, $\Omega^*_{X/S}$ est une résolution de V_{rel} . On a donc

(2.27.2) $$R^i f_* \; V_{rel} \xrightarrow{\sim} R^i f_*(\Omega^*_{X/S}(V))$$

où le second membre est une hypercohomologie relative. De (2.27.1), on déduit une flèche

(2.27.3) $$\mathcal{O}_S \otimes_{\mathbb{C}} R^i f_* V \longrightarrow R^i f_*(V_{rel}) \; ,$$

d'où par composition une flèche

(2.27.4) $$\mathcal{O}_S \otimes R^i f_* \; V \longrightarrow R^i f_*(\Omega^*_{X/S}(V)) \; .$$

<u>Proposition</u> 2.28. <u>Soient</u> $f : X \longrightarrow S$ <u>un morphisme lisse et séparé d'espaces analytiques</u>, i <u>un entier</u>, <u>et</u> V <u>un système local complexe sur</u> X . <u>On suppose que</u>

a) <u>localement sur</u> S , f <u>est topologiquement trivial</u>

b) <u>les fibres de</u> f <u>vérifient</u>

$$\dim H^i(f^{-1}(s),V) < \infty \; .$$

<u>Alors, la flèche</u> 2.27.4 <u>est un isomorphisme</u>

$$\mathcal{O}_S \otimes_{\mathbb{C}} R^i f_* V \xrightarrow{\sim} R^i f_*(\Omega^*_{X/S}(V)) \; .$$

Soient $s \in S$, $Y = f^{-1}(s)$, et $V_\circ = V|Y$. Pour vérifier que (2.27.4) est un isomorphisme, il suffit de construire un système fondamental de voisinages T de s tels que les flèches

(2.28.1) $$H^\circ(T,\mathcal{O}_S) \otimes H^i(T \times Y, pr_2^{\cdot} V_\circ) \xrightarrow{\sim} H^i(T \times Y, pr_1^{\cdot} \mathcal{O}_S \otimes pr_2^{\cdot} V_\circ)$$

soient des isomorphismes. En effet, la fibre en s de (2.27.3), limite inductive de flèches (2.28.1) sera alors un isomorphisme.

On prouvera (2.28.1) pour T voisinage compact de Stein de s , supposé contractile. La flèche 2.28.1 s'écrit encore alors

(2.28.2) $$H^\circ(T,\mathcal{O}_S) \otimes H^i(Y,V_o) \xrightarrow{\sim} H^i(T \times Y, pr_1^{\cdot}\, \mathcal{O}_S \otimes pr_2^{\cdot}\, V_\circ)\ .$$

Calculons le second membre de (2.28.2) par la suite spectrale de Leray pour $pr_2 : T \times Y \longrightarrow Y$. D'après 2.25, puisque $H^i(T,\mathcal{O}_S) = 0$, on a

$$H^i(T \times Y, pr_1^{\cdot}\, \mathcal{O}_S \otimes pr_2^{\cdot}\, V_\circ) \simeq H^i(Y, H^\circ(T,\mathcal{O}_S) \otimes V_\circ)$$

et on conclut par 2.26.

2.29. Sous les hypothèses de 2.28, avec S lisse, on définit la connexion de Gauss-Manin sur $R^i f_* \Omega^*_{X/S}(V)$ comme étant l'unique connexion intégrable admettant pour sections locales horizontales les sections locales de $R^i f_* V$ (2.17).

3. Traduction en terme d'équations aux dérivées partielles du 1er ordre.

3.1. Soit X une variété analytique complexe. Si $\mathcal{V}$ est le fibré vectoriel holomorphe défini par un $\mathbb{C}$-vectoriel V_o , on a vu que $\mathcal{V}$ admet une connexion canonique de dérivée covariante ${}_o\nabla$. Si ∇ est la dérivée covariante définie par une autre connexion sur $\mathcal{V}$, on a vu (2.6) que ∇ s'écrit sous la forme

$$\nabla = {}_o\nabla + \Gamma \quad , \text{ avec } \Gamma \in \Omega\,(\underline{\mathrm{End}}(\mathcal{V}))\ .$$

Si on identifie sections de $\mathcal{V}$ et applications holomorphes de X dans V_o , on a donc

(3.1.1) $$\nabla v = dv + \Gamma . v\ .$$

Si on suppose choisie une base de V , i.e., un isomorphisme $e : \mathbb{C}^n \longrightarrow V_o$ de coordonnées (identifiées aux vecteurs de base) $e_\alpha : \mathbb{C} \longrightarrow V_o$, alors Γ se représente comme une matrice de formes différentielles ω^α_β (la matrice des formes de connexion), et (3.1.1) se réécrit

(3.1.2) $$(\nabla v)^\alpha = dv^\alpha + \sum_\beta \omega^\alpha_\beta\ v^\beta\ .$$

Soit $\mathcal{V}$ un quelconque fibré vectoriel holomorphe sur X . Le choix d'une base $e : \mathbb{C}^n \xrightarrow{\sim} \mathcal{V}$ de $\mathcal{V}$ permet de considérer $\mathcal{V}$ comme défini par un vectoriel constant $(\mathbb{C}^n)$, et les considérations précédentes s'appliquent : les connexions sur $\mathcal{V}$ correspondent, via (3.1.2), avec les matrices $n \times n$ de formes différentielles sur X . Si ω_e est la matrice de la connexion ∇ dans la base e , et si $f : \mathbb{C}^n \xrightarrow{\sim} \mathcal{V}$ est une nouvelle base de $\mathcal{V}$, de coordonnée $A \in GL_n(\mathcal{O})$ $(A = e^{-1}f)$, on a (3.1.2)

$$\begin{aligned}\nabla v &= ed(e^{-1}v) + e\omega_e\, e^{-1}v = fA^{-1}d(Af^{-1}v) + fA^{-1}\omega_e Af^{-1}v \\ &= f\,df^{-1}v + f(A^{-1}dA + A^{-1}\omega_e A)f^{-1}v \quad .\end{aligned}$$

Comparant avec (3.1.2) dans la base f , on trouve que

(3.1.3) $$\omega_f = A^{-1}dA + A^{-1}\omega_e A \quad .$$

Si de plus (x^i) est un système de coordonnées locales sur X , définissant une base de Ω^1_X de vecteurs de base dx^i , on pose

$$\omega^\alpha_\beta = \sum_i \Gamma^\alpha_{\beta i}\, dx^i$$

et on appelle les fonctions holomorphes $\Gamma^\alpha_{\beta i}$ les <u>coefficients de la connexion</u>. La formule 3.1.2 se réécrit

(3.1.4) $$(\nabla_i v)^\alpha = \partial_i\, v^\alpha + \sum_\beta \Gamma^\alpha_{\beta i}\, v^\beta \quad .$$

L'équation différentielle $\nabla v = 0$ des sections horizontales de $\mathcal{V}$ s'écrit comme le système d'équations aux dérivées partielles du 1er ordre, linéaire et homogène

(3.1.5) $$\partial_i\, v^\alpha = -\sum_\beta \Gamma^\alpha_{\beta i}\, v^\beta \quad .$$

3.2. Avec les notations de (3.1.2), et utilisant la convention de sommation des indices muets, on a

$$\begin{aligned}\nabla\nabla v &= \nabla((dv^\alpha + \omega^\alpha_\beta\, v^\beta).e_\alpha) \\ &= d(dv^\alpha + \omega^\alpha_\beta\, v^\beta).e_\alpha - (dv^\alpha + \omega^\alpha_\beta\, v^\beta) \wedge \omega^\gamma_\alpha.e_\gamma \\ &= d\omega^\alpha_\beta.v^\beta.e_\alpha - \omega^\alpha_\beta \wedge dv^\beta\,.\,e_\alpha - dv^\alpha \wedge \omega^\gamma_\alpha\,.\,e_\gamma - \omega^\alpha_\beta \wedge \omega^\gamma_\alpha\,.\,v^\beta e_\gamma \\ &= (d\omega^\gamma_\beta - \omega^\alpha_\beta \wedge w^\gamma_\alpha)\, v^\beta\, e_\gamma \quad .\end{aligned}$$

La matrice du tenseur de courbure est donc

(3.2.1) $$R^\alpha_\beta = d\omega^\alpha_\beta + \sum_\gamma \omega^\alpha_\gamma \wedge \omega^\gamma_\beta \quad ,$$

formule qu'on écrit aussi

(3.2.2) $$R = d\omega + \omega \wedge \omega \quad .$$

La formule 3.2.1 fournit, dans un système de coordonnées locales (x^i)

(3.2.2) $$\begin{cases} R^\alpha_{\beta,i,j} = (\partial_i \Gamma^\alpha_{\beta j} - \partial_j \Gamma^\alpha_{\beta i}) + (\Gamma^\alpha_{\gamma,i} \Gamma^\gamma_{\beta,j} - \Gamma^\gamma_{\gamma,j} \Gamma^\gamma_{\beta,i}) \\ R^\alpha_\beta = \sum_{i<j} R^\alpha_{\beta,i,j} \, dx^i \wedge dx^j \quad . \end{cases}$$

La condition $R^\alpha_{\beta,i,j} = 0$ est la condition d'intégrabilité du système (3.1.5) au sens classique du mot ; elle peut s'obtenir en éliminant v^α des équations obtenues en substituant (3.1.5) dans l'identité $\partial_i \partial_j v^\alpha = \partial_j \partial_i v^\alpha$.

4. Equation différentielle du $n^{\text{ième}}$ ordre.

4.1. La résolution d'une équation différentielle linéaire et homogène du $n^{\text{ième}}$ ordre

(4.1.1) $$\frac{d^n}{dx^n} \; y = \sum_{i=1}^{n} \; a_i(x) \; \frac{d^{n-i}}{dx^i} \; y$$

équivaut à celle du système de n équations du 1er ordre

(4.1.2) $$\begin{cases} \frac{d}{dx} \, y_i = y_{i+1} \qquad (1 \leq i < n) \\ \frac{d}{dx} \, y_n = \sum_{i=1}^{n} a_i(x) \; y_{n+1-i} \quad . \end{cases}$$

D'après le § 3, ce système peut se décrire comme l'équation différentielle des sections horizontales d'un fibré vectoriel de rang n muni d'une connexion convenable, et c'est ce qu'on se propose d'expliciter.

4.2. Soient X une variété analytique complexe non singulière purement de dimension un, X_n le $n^{\text{ième}}$ voisinage infinitésimal de la diagonale de $X \times X$ et p_1, p_2 les deux projections de X_n sur X . On désignera par $\pi_{k,\ell}$ l'injection de X_ℓ dans

X_k , pour $\ell \leq k$.

Soit $\Omega^{\otimes n}$ la puissance tensorielle $n^{\text{ième}}$ du faisceau inversible Ω^1_X ($n \in \mathbb{Z}$) . Si I est l'idéal qui définit la diagonale de $X \times X$, on a canoniquement $I/I^2 \simeq \Omega^1_X$, et

(4.2.1) $$I^n/I^{n+1} \simeq \Omega^{\otimes n} \quad .$$

Pour $\mathcal{L}$ faisceau inversible sur X , on désigne par $P^n(\mathcal{L})$ le fibré vectoriel des jets de sections du $n^{\text{ième}}$ ordre de $\mathcal{L}$.

(4.2.2) $$P^n(\mathcal{L}) = p_{1*}\, p_2^* \mathcal{L} \ .$$

La filtration I-adique de $p_2^* \mathcal{L}$ définit une filtration de $P^n(\mathcal{L})$ pour laquelle

(4.2.3) $$\begin{aligned} &\mathrm{Gr}\, P^n(\mathcal{L}) \simeq \mathrm{Gr}\, P^n(\mathcal{O}) \otimes \mathcal{L} \\ &\mathrm{Gr}^i\, P^n(\mathcal{L}) \simeq \Omega^{\otimes i} \otimes \mathcal{L} \qquad (0 \leq i \leq n) \quad . \end{aligned}$$

Rappelons qu'on définit par récurrence sur n ce qu'est <u>opérateur différentiel d'ordre</u> $\leq n$: $A : \mathcal{M} \longrightarrow \mathcal{N}$, comme étant un morphisme de faisceaux abéliens vérifiant

$$\begin{cases} \text{pour } n = 0 \quad : A \text{ est } \mathcal{O}\text{-linéaire} \\ \text{pour } n = m+1 : \text{pour toute section locale } f \text{ de } \mathcal{O} \text{ , } [A,f] \text{ est d'ordre} \leq m . \end{cases}$$

Pour chaque section locale s de $\mathcal{L}$, $p_2^* s$ définit une section locale $D^n(s)$ de $P^n(\mathcal{L})$ (4.2.2) . Le morphisme $\mathbb{C}$-linéaire de faisceaux $D^n : \mathcal{L} \longrightarrow P^n(\mathcal{L})$ est l'opérateur différentiel d'ordre $\leq n$ universel, de source $\mathcal{L}$.

<u>Définition</u> 4.3. (i) <u>Une équation différentielle linéaire homogène du $n^{\text{ième}}$ ordre sur $\mathcal{L}$ est un $\mathcal{O}_X$-homomorphisme</u> $E : P^n(\mathcal{L}) \longrightarrow \Omega^{\otimes n} \otimes \mathcal{L}$ <u>qui induit l'identité sur le sous-module</u> $\Omega^{\otimes n} \otimes \mathcal{L}$ <u>de</u> $P^n(\mathcal{L})$.

(ii) <u>Une section locale</u> s <u>de</u> $\mathcal{L}$ <u>est</u> solution <u>de l'équation différentielle</u> E <u>si</u> $E(D^n(s)) = 0$.

En fait, je triche dans cette définition, en ce que je ne considère que les équations qui se mettent sous la forme "résolue" (4.1.1).

4.4. Supposons que $\mathcal{L} = \mathcal{O}$ et que x soit une coordonnée locale sur X. Le choix de x permet d'identifier $P^k(\mathcal{O})$ à $\mathcal{O}^{[0,k]}$, la flèche D^k devenant

$$D^k : \mathcal{O} \longrightarrow P^k(\mathcal{O}) \simeq \mathcal{O}^{[0,k]} : f \longmapsto (\partial_x^i f)_{0 \leq i \leq k} .$$

Le choix de x permet encore d'identifier Ω^1 et $\mathcal{O}$, de sorte qu'une équation différentielle d'ordre n s'identifie à un morphisme $E \in \mathrm{Hom}(\mathcal{O}^{[0,n]}, \mathcal{O})$, et en tant que tel a des coordonnées $(b_i)_{0 \leq i \leq n}$ avec $b_n = 1$. Les solutions de E sont alors les fonctions (holomorphes) f vérifiant

$$\sum_{i=0}^{n} b_i(x)\, \partial_x^i f = 0 \quad (b_n = 1) . \tag{4.4.1}$$

Le théorème d'existence et d'unicité des solutions au problème de Cauchy pour 4.4.1 signifie que

<u>Théorème</u> 4.5. (<u>Cauchy</u>). <u>Soient</u> X <u>et</u> $\mathcal{L}$ <u>comme en</u> 4.2, <u>et</u> E <u>une équation différentielle du</u> $n^{\text{ième}}$ <u>ordre sur</u> $\mathcal{L}$. <u>Alors</u>

(i) <u>Le sous-faisceau de</u> $\mathcal{L}$ <u>des solutions de</u> E <u>est un système local</u> $\mathcal{L}^E$ <u>de rang</u> n <u>sur</u> X.

(ii) <u>La flèche canonique</u> $D^{n-1} : \mathcal{L}^E \longrightarrow P^{n-1}(\mathcal{L})$ <u>induit un isomorphisme</u>

$$\mathcal{O} \otimes_{\mathbb{C}} \mathcal{L}^E \xrightarrow{\sim} P^{n-1}(\mathcal{L}) .$$

Il résulte en particulier de (ii) et de 2.17 que E définit une connexion canonique sur $P^{n-1}(\mathcal{L})$, dont les sections horizontales sont les images par D des solutions de E.

4.6. A une équation différentielle E sur $\mathcal{L}$, on a ainsi associé

a) un fibré vectoriel holomorphe $\mathcal{V}$ muni d'une connexion (automatiquement intégrable) le fibré $P^{n-1}(\mathcal{L})$,

b) un homomorphisme surjectif (4.2.3) $(i = 0)$ $\lambda : \mathcal{V} \longrightarrow \mathcal{L}$.

De plus, les solutions de E sont les images par λ des sections horizontales de $\mathcal{V}$. Ceci n'est qu'une autre façon d'exprimer le passage de 4.1.1 à 4.1.2 .

4.7. Soit sur X un fibré vectoriel de rang n muni d'une connexion de dérivée covariante ∇. Soit v une section locale de $\mathcal{V}$, et w un champ de vecteur sur X, qui ne s'annule en aucun point. On dira que v est <u>cyclique</u> si les sections locales $(\nabla_w)^i(v)$ de $\mathcal{V}$ $(0 \le i < n)$ forment une base de $\mathcal{V}$. Cette condition ne dépend pas du choix de w, et si f est une fonction holomorphe inversible, alors v est cyclique si et seulement si fv est cyclique. On vérifie en effet par récurrence sur i que $(\nabla_{gw})^i(fv)$ se trouve dans le sous-module de $\mathcal{V}$ engendré par les $(\nabla_w)^j(v)$ $(0 \le j \le i)$

Si $\mathcal{L}$ est un module inversible, on dira qu'une section v de $\mathcal{V} \otimes \mathcal{L}$ est cyclique si, pour tout isomorphisme local entre $\mathcal{L}$ et $\mathcal{O}$, la section correspondante de $\mathcal{V}$ est cyclique. Ceci s'applique en particulier à une section v de $\underline{\mathrm{Hom}}(\mathcal{V},\mathcal{L}) = \mathcal{V}^\vee \otimes \mathcal{L}$.

<u>Lemme</u> 4.8. <u>Avec les hypothèses et notations de</u> 4.6, λ <u>est une section cyclique de</u> $\underline{\mathrm{Hom}}(\mathcal{V},\mathcal{L})$.

Le problème est local sur X ; on se ramène au cas où $\mathcal{L} = \mathcal{O}$ et où il existe une coordonnée locale x.

Utilisons les notations de 4.4. Une section (f^i) de $P^{n-1}(\mathcal{O}) \sim \mathcal{O}^{[0,n-1]}$ est horizontale si et seulement si elle vérifie

$$\begin{cases} \partial_x f^i = f^{i+1} & (0 \le i \le n-2) \\ \partial_x f^{n-1} = -\sum_{i=0}^{n-1} b_i f^i & \end{cases}$$

Ceci nous fournit les coefficients de la connexion : la matrice de connexion est

$$(4.8.1)\qquad \begin{pmatrix} 0 & -1 & & & \\ & 0 & -1 & & \\ & & \ddots & \ddots & \\ & & & 0 & -1 \\ b^0 & b^1 & \dots & & b^{n-1} \end{pmatrix}$$

Dans le système de coordonnées choisies, $\lambda = e^{o}$, et on calcule que

$$\nabla_x^i \lambda = e^i \qquad (0 \le i \le n-1)$$

ce qui prouve 4.8.

Proposition 4.9. *La construction 4.6 établit une équivalence entre les catégories suivantes, lorsqu'on prend pour morphismes les isomorphismes* :

a) *la catégorie des faisceaux inversibles sur* X , *munis d'une équation différentielle* (4.3) *d'ordre* n

b) *la catégorie des triples formés d'un fibré vectoriel de rang* n *muni d'une connexion* $\mathcal{V}$, *d'un faisceau inversible* $\mathcal{L}$ *et d'un homomorphisme cyclique* $\lambda : \mathcal{V} \longrightarrow \mathcal{L}$.

Construisons un foncteur quasi-inverse au foncteur 4.6. Soient $\mathcal{V}$ un fibré vectoriel à connexion, et λ un homomorphisme de $\mathcal{V}$ dans un faisceau inversible $\mathcal{L}$. On désigne par V le système local des sections horizontales de $\mathcal{V}$. Pour tout $\mathcal{O}$-module $\mathcal{M}$, on a (2.17)

$$\mathrm{Hom}_{\mathcal{O}}(\mathcal{V},\mathcal{M}) \xrightarrow{\sim} \mathrm{Hom}_{\mathbb{C}}(V,\mathcal{M}) .$$

En particulier, on définit une application γ^k de $\mathcal{V}$ dans $P^k(\mathcal{L})$ en posant, pour v *section horizontale* de $\mathcal{V}$

(4.9.1) $$\gamma^k(v) = D^k(\lambda(v)) .$$

Lemme 4.9.2. *L'homomorphisme* λ *est cyclique si et seulement si*

$$\gamma^{n-1} : \mathcal{V} \longrightarrow P^{n-1}(\mathcal{L})$$

est un isomorphisme.

Le problème est local sur X . On se ramène donc au cas où $\mathcal{L} = \mathcal{O}$ et où l'on dispose d'une coordonnée locale x . Avec les notations de 4.4, le morphisme γ^k admet alors pour coordonnées les morphismes $\partial_x^i \lambda = \nabla_x^i \lambda$ $(0 \le i \le k)$. Pour $k = n-1$, ceux-ci forment une base de $\mathrm{Hom}(\mathcal{V},\mathcal{O})$ si et seulement si γ^{n-1} est un isomorphisme.

Pour $k \ge \ell$, le diagramme

(4.9.3)
$$\begin{array}{ccc} & \mathcal{V} & \\ {\scriptstyle \gamma^k}\swarrow & & \searrow{\scriptstyle \gamma^\ell} \\ P^k(\mathcal{L}) & \xrightarrow{\pi_{\ell,k}} & P^k(\mathcal{L}) \end{array}$$

est commutatif ; si λ est cyclique, on déduit de ce fait et de 4.9.2 que $\gamma^n(\mathcal{V})$ est localement facteur direct, de codimension 1 dans $P^n(\mathcal{L})$, et admet pour supplément $\omega^{\otimes n} \otimes \mathcal{L} \simeq \mathrm{Ker}(\pi_{n-1,n})$. Il existe donc une et une seule équation différentielle d'ordre n sur $\mathcal{L}$

$$E : P^n(\mathcal{L}) \longrightarrow \Omega^{\otimes n} \otimes \mathcal{L}$$

telle que $E \circ \gamma^n = 0$.

D'après (4.9.1), si v est une section horizontale de $\mathcal{V}$, alors $E\, D^n \lambda v = E\, \gamma^n v = 0$, de sorte que λv est une solution de E . Munissons $P^{n-1}(\mathcal{L})$ de la connexion 4.6 définie par E . Si v est une section horizontale de $\mathcal{V}$, alors $\gamma^{n-1}(v) = D^{n-1} \lambda v$ avec λv solution de E , et $\gamma^{n-1}(v)$ est donc horizontale. On en déduit que γ^{n-1} est compatible aux connexions. Un cas particulier de 4.9.3 montre que le diagramme

$$\begin{array}{ccc} \mathcal{V} & \xrightarrow{\gamma^{n-1}} & P^{n-1}(\mathcal{L}) \\ {\scriptstyle \lambda}\downarrow & & \downarrow{\scriptstyle o,n-1} \\ \mathcal{L} & = & \mathcal{L} \end{array}$$

est commutatif, d'où un isomorphisme entre $(\mathcal{V},\mathcal{L},\lambda)$ et le triple déduit par 4.6 de $(\mathcal{L},E)$. Le foncteur

$$(\mathcal{V},\mathcal{L},\lambda) \longmapsto (\mathcal{L},E)$$

est donc quasi-inverse au foncteur 4.6 .

4.10. Résumons les relations entre deux systèmes $(\mathcal{V},\mathcal{L},\lambda)$ et $(\mathcal{L},E)$ qui se correspondent par 4.6, 4.9 .

On dispose d'homomorphismes $\gamma^k : \mathcal{V} \longrightarrow P^k(\mathcal{L})$, tels que

(4.10.1) Pour v horizontal, $\gamma^k(v) = D^k \lambda v$

(4.10.2) On a $\gamma^o = \lambda$ et $\pi_{\ell,k}\, \gamma^k = \gamma^\ell$

(4.10.3) γ^{n-1} est un isomorphisme (λ est cyclique)

(4.10.4) $E\, \gamma^n = 0$

(4.10.5) λ induit un isomorphisme entre le système local V des sections de $\mathcal{V}$ et le système local $\mathcal{L}^E$ des solutions de E .

5. Equation différentielle du second ordre.

Dans ce §, on spécialise les résultats du §4 au cas $n = 2$, et on exprime sous une forme plus géométrique certains des résultats exposés dans R.C. GUNNING [11]

5.1. Soit S un espace analytique, et soit $q : X_2 \longrightarrow S$ un espace analytique sur S localement isomorphe à l'espace analytique fini sur S décrit par la $\mathcal{O}_S$-algèbre $\mathcal{O}_S[T]/(T^3)$.

Le fait que le groupe PGL_2 agisse de façon trois fois strictement transitive sur $\mathbb{P}^1$ a l'analogue infinitésimal suivant.

Lemme 5.2. Sous les hypothèses de 5.1, soient u et v deux S-immersions de X_2 dans $\mathbb{P}^1_S$:

$$X_2 \underset{v}{\overset{u}{\rightrightarrows}} \mathbb{P}^1_S$$

Il existe une et une seule projectivité (= S-automorphisme) de $\mathbb{P}^1_S$ qui transforme u en v .

Le problème est local sur S , ce qui permet de supposer X_2 défini par la $\mathcal{O}_S$-algèbre $\mathcal{O}_S[T]/(T^3)$, et que $u(X_2)$ et $v(X_2)$ sont contenus dans une même droite affine, soit A^1_S . Par translation, on peut supposer que $u(0) = v(0) = 0$. Il faut alors vérifier l'existence et l'unicité d'une projectivité $p(x) = \frac{ax + b}{cx + d}$ vérifiant $p(0) = 0$, de dérivées $p'(0) \neq 0$ et $p''(0)$ données. On a $b = 0$, et p s'écrit de façon unique sous la forme

$$p(x) = e\,\frac{x}{1-fx} \quad (e \neq 0)$$
$$= ex + efx^2 \pmod{x^3} .$$

L'assertation en résulte aussitôt.

5.3. D'après 5.2, il existe à isomorphisme unique près un et un seul couple (u,P) formé d'une droite projective P sur S (groupe structural $PGL_2(\mathcal{O}_S)$ et d'une S-immersion u de X_2 dans P. On appellera P la *droite projective osculatrice* à X_2.

Soient X une courbe lisse, X_2 le second voisinage infinitésimal de la diagonale de $X \times X$ et q_1, q_2 les deux projections de X_2 sur X.

Le morphisme $q_1 : X_2 \longrightarrow X$ est du type considéré en 5.1 .

Définition 5.4. *On appelle* fibré en droites projectives osculateur à X *et on désigne par* P_{tg} *le fibré en droites projectives sur* X *osculateur à* $q_1 : X_2 \longrightarrow X$.

Par définition, on dispose donc d'un diagramme commutatif canonique

(5.4.1)
$$\begin{array}{ccc} X_2 & \hookrightarrow & P_{tg} \\ & \searrow^{q_1} & \downarrow \\ & & X \end{array} .$$

en particulier P_{tg} est muni d'une section canonique e, image de la section diagonale de X_2, et on a

(5.4.2)
$$e^* \Omega^1_{P_{tg}/X} \simeq \Omega^1_X .$$

5.5. Si X est une droite projective, alors $pr_1 : X \times X \longrightarrow X$ est un fibré projectif sur X, de sorte que P_{tg} s'identifie au fibré projectif constant de fibre X sur X, muni de l'homomorphisme d'inclusion de X_2 dans $X \times X$

$$\begin{array}{ccc} X_2 & \hookrightarrow & X \times X \\ & \searrow^{q_1} & \downarrow{pr_1} \\ & & X \end{array} .$$

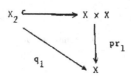

Dans ce cas particulier, on dispose d'un diagramme commutatif canonique

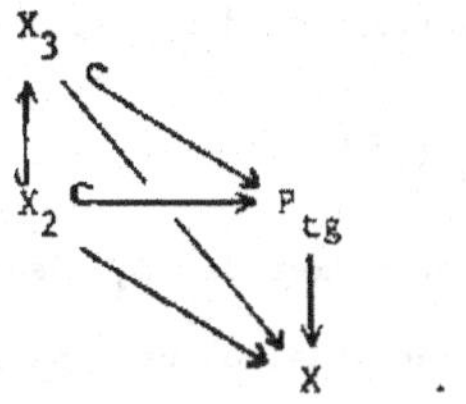

Soit à nouveau X une courbe lisse quelconque

Définition 5.6. (*forme locale*). *Une* connexion projective *sur* X *est un faisceau sur* X *de germes d'isomorphismes locaux de* X *dans* $\mathbb{P}^1$, *qui soit un faisceau principal homogène* (= *torseur*) *sous le faisceau en groupes constant de valeur* $PGL_2(\mathbb{C})$.

Si X est munie d'une connexion projective, alors toute construction locale sur $\mathbb{P}^1$, invariante sous le groupe projectif, se transporte à X ; en particulier, la construction 5.5 nous fournit un morphisme γ s'insérant dans un diagramme commutatif

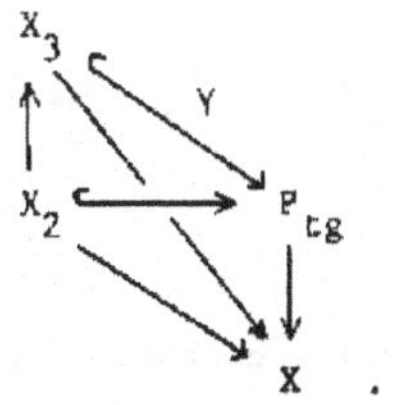

Il n'est pas difficile de vérifier qu'un tel morphisme γ est défini par une et une seule connexion projective (une démonstration sera donnée en 5.10), de sorte que la définition 5.6 équivaut à la suivante.

Définition 5.6 bis. (*forme infinitésimale*). *Une* connexion projective *sur* X *est un morphisme* $\gamma : X_3 \hookrightarrow P_{tg}$ *rendant commutatif le diagramme* (5.6.1).

Intuitivement, se donner une connexion projective (forme infinitésimale) permet de définir le birapport (= rapport anharmonique) de 4 points infiniment voisins on sait alors définir le birapport de 4 points voisins (forme locale de 5.6).

5.7. Posons $\Omega^{\otimes n} = (\Omega_X^1)^{\otimes n}$ (4.2). Le faisceau d'idéaux sur X_3 qui définit X_2 est canoniquement isomorphe à $\Omega^{\otimes 3}$ et est tué par le faisceau d'idéaux qui définit la diagonale. D'autre part, si Δ est l'application diagonale, on a (5.4.2)

$$\Delta^* \gamma^* \Omega^1_{P_{tg}/X} \simeq \Omega^1 \quad .$$

On en déduit que l'ensemble des X-homomorphismes de X_3 dans P_{tg} induisant l'homomorphisme canonique de X_2 dans P_{tg} est vide, ou un espace principal homogène sous

$$\mathrm{Hom}_X(\Delta^*\gamma^* \Omega^1_{P_{tg}/X}, \Omega^{\otimes 3}) = \mathrm{Hom}_X(\Omega^1, \Omega^{\otimes 3}) = H^o(X, \Omega^{\otimes 2}) \quad .$$

Pour X remplacé par un ouvert assez petit, cet ensemble est non vide :

Proposition 5.8. Les connexions projectives d'ouverts de X forment un faisceau principal homogène (= torseur) sous le faisceau $\Omega^{\otimes 2}$.

Si η est une section de $\Omega^{\otimes 2}$, et $\gamma_1 : X_3 \longrightarrow P_{tg}$ une connexion projective, la connexion $\gamma_2 = \gamma_1 + \eta$ est définie, pour f fonction sur P_{tg} , par

(5.8.1) $$\gamma_2^* f = \gamma_1^* f + \eta . e^* df$$

(modulo l'identification de $\Omega^{\otimes 3}$ à un idéal de $\mathcal{O}_{X_3}$) .

5.9. Soit $f : X \longrightarrow Y$ un homomorphisme entre courbes lisses munies de connexions projectives γ_X et γ_Y , et supposons que f soit un isomorphisme local (i.e. $df \neq 0$ en tout point). Posons

$$\theta f = f^* \gamma_Y - \gamma_X \in \Gamma(X, \Omega^{\otimes 2}) \quad .$$

Pour une application composée $g \circ f : X \xrightarrow{f} Y \xrightarrow{g} Z$, on a trivialement

(5.9.1) $$\theta(g \circ f) = \theta(f) + f^* \theta(g) \text{ , d'où}$$
$$\theta(f^{-1}) = -f^* \theta(f) \quad .$$

Supposons que X et Y soient des ouverts de $\mathbb{C}$, munis de la connexion projective induite par celle de $\mathbb{P}^1(\mathbb{C})$. Désignant par x l'injection de X dans $\mathbb{C}$, on a alors

$$\theta f = \frac{f'(f'''/6) - (f''/2)^2}{f'^2}\, dx^{\otimes 2} \qquad (5.9.2)$$

Pour le vérifier, identifions, d'après 5.5, le fibré projectif bitangent à X ou Y au fibré projectif constant. Le morphisme $\delta f : P_{tg,X} \longrightarrow P_{tg,Y}$ induit par f s'écrit

$$\delta f : (x,p) \longmapsto \left(f(x), f(x) + \frac{f'(x)(p-x)}{1-(\frac{1}{2}f''(x)/f'(x))(p-x)}\right).$$

Soit le diagramme

$$\begin{array}{ccc} X_3 & \xrightarrow{\ f\ } & Y_3 \\ \downarrow & & \downarrow \\ P_{tg,X} & \xrightarrow{\ \delta f\ } & P_{tg,Y} \end{array} \quad ;$$

$\theta(f)$ décrit la non commutativité de ce diagramme, i.e. la différence entre les jets

$$(x,x+\varepsilon) \longmapsto \left(f(x), f(x) + f'(x)\varepsilon + f''(x)\frac{\varepsilon^2}{2} + f'''(x)\frac{\varepsilon^3}{6}\right) \qquad (\varepsilon^4 = 0) \text{ et}$$

$$(x,x+\varepsilon) \longmapsto \left(f(x), f(x) + \frac{f'(x)\varepsilon}{1-(\frac{1}{2}f''(x)/f'(x))\varepsilon}\right)$$

$$= \left(f(x), f(x) + f'(x)\varepsilon + f''(x)\frac{\varepsilon^2}{2} + (\tfrac{1}{4}f''(x)^2/f'(x))\varepsilon^3\right).$$

On a donc $$\theta(f) = (f'''(x)/6 - (f''(x)/2)^2/f'(x))\, dx^{\otimes 3}\, df^{\otimes -1},$$

et 5.9.2 en résulte.

La formule 5.9.2 signifie que $6.\theta f$ est la classique <u>dérivée de Schwarz</u> de f.

Si une application f de $X \subset \mathbb{C}$ dans $\mathbb{P}^1(\mathbb{C})$ est décrite par des coordonnées projectives : $f = (g,h)$, on a

$$\theta(f) = \frac{\begin{vmatrix} g & g' \\ h & h' \end{vmatrix} . \left(\begin{vmatrix} g & g'''/6 \\ h & h'''/6 \end{vmatrix} + \begin{vmatrix} g' & g''/2 \\ h' & h''/2 \end{vmatrix} \right) - \begin{vmatrix} g & g''/2 \\ h & h''/2 \end{vmatrix}^2}{\begin{vmatrix} g & g' \\ h & h' \end{vmatrix}^2} \qquad (5.9.3)$$

Pour vérifier (5.9.3), le plus simple est de noter que

(i) le second membre de (5.9.3) est invariant par une substitution linéaire à coefficients constants L opérée sur g et h : numérateur et dénominateur sont multipliés par $\det(L)^2$

(ii) le second membre de (5.9.3) est invariant par la substitution

$$(g,h) \longrightarrow (\lambda.g,\lambda.h) \quad .$$

Désignant les déterminants par leur première ligne, on a en effet

$$|\lambda g\ (\lambda g)'| = |\lambda g\ \lambda g' + \lambda' g| = \lambda^2 |g\ g'|$$

$$|\lambda g\ (\lambda g)''/2| = \lambda^2 |g\ g''/2| + \lambda\lambda' |g\ g'|$$

$$|\lambda g\ (\lambda g)'''/6| = \lambda^2 |g\ g'''/6| + \lambda\lambda' |g\ g''/2| + \lambda\lambda''/2\ |g\ g'|$$

$$|(\lambda g)'(\lambda g)''/2| = \lambda^2 |g' g''/2| - \lambda\lambda''/2 |g\ g'| + \lambda'^2 |g\ g'| + \lambda\lambda' |g\ g''/2| \ .$$

Le nouveau numérateur N_λ (resp dénominateur D_λ) est donc donné en terme de l'ancien N (resp D) par

$$\begin{aligned} N_\lambda = \lambda^4 \{N + |g\ g'|\ [(\frac{\lambda'}{\lambda} |g\ g''/2| + \frac{\lambda''/2}{\lambda} |g\ g'|) \\ + (-\frac{\lambda''/2}{\lambda} |g\ g'| + \frac{\lambda'^2}{\lambda^2} |g\ g'| + \frac{\lambda'}{\lambda} |g\ g''|) \\ - (2\frac{\lambda'}{\lambda} |g\ g''/2| + \frac{\lambda'^2}{\lambda^2} |g\ g'|)]\} \end{aligned}$$

$$= \lambda^4 N$$

$$D_\lambda = \lambda^4 D$$

$$\text{et} \quad N_\lambda / D_\lambda = N/D \quad .$$

Ces propriétés de variance étant établies, et coïncidant avec celles du 1er membre de (5.9.3), il suffit de vérifier (5.9.3) dans le cas particulier où $h = 1$. La formule se réduit alors à (5.9.2).

Nous n'aurons pas à utiliser que $\theta(f)$ peut s'exprimer en terme de birapports : on a, pour $Z_i \sim Z$

(5.9.4) $$\frac{(f(Z_1),f(Z_2),f(Z_3),f(Z_4))}{(Z_1,Z_2,Z_3,Z_4)} - 1 = \theta(f)(Z_1-Z_2)(Z_3-Z_4) + O((Z_i-Z)^3)$$

5.10. L'équation différentielle $\theta(f) = 0$ portant sur $f : X \longrightarrow \mathbb{P}^1(\mathbb{C})$ de 1ère dérivée non nulle est une équation différentielle du 3e ordre. Elle admet donc ∞^3 solutions, localement, et ces solutions sont permutées entre elles par le groupe projectif (car ce dernier permute transitivement les données de Cauchy : 5.2). L'ensemble des solutions est donc une connexion projective (forme locale 5.6). Cette construction est inverse de celle qui à une connexion projective (5.6) associe une connexion projective (5.6 bis).

5.11. Soient X une courbe lisse, $\mathcal{L}$ un faisceau inversible sur X et E une équation différentielle ordinaire du second ordre sur $\mathcal{L}$. On a vu en 4.5 que E définit une connexion sur le fibré $P^1(\mathcal{L})$ des jets de section du premier ordre de $\mathcal{L}$, et on en déduit une connexion sur

$$\overset{2}{\wedge} P^1(\mathcal{L}) \simeq \mathcal{L} \otimes \Omega^1(\mathcal{L}) = \Omega^1 \otimes \mathcal{L}^{\otimes 2} \quad .$$

Si X est une courbe compacte connexe, de genre g, le fibré $\Omega^1 \otimes \mathcal{L}^{\otimes 2}$ est donc nécessairement de degré 0 et on a

$$\deg(\mathcal{L}) = 1-g \quad .$$

Soit V le système local de rang 2 des solutions de E ; on a (4.5) $\mathcal{O} \otimes V \xrightarrow{\sim} P^1(\mathcal{L})$, et la forme linéaire $\lambda : P^1(\mathcal{L}) \longrightarrow \mathcal{L}$ définit une section λ_o du fibré projectif associé au fibré vectoriel $P^1(\mathcal{L})$.

Localement sur X, V est isomorphe au système local constant $\underline{\mathbb{C}}^2$; le choix d'un isomorphisme $\sigma : V \longrightarrow \underline{\mathbb{C}}^2$ identifie λ_o à une application $\lambda_{o,\sigma}$ de X dans $\mathbb{P}^1(\mathbb{C})$; d'après 4.8, la différentielle de cette application est partout non nulle, et $\lambda_{o,\sigma}$ permet donc de transporter à X la connexion projective canonique de $\mathbb{P}^1(\mathbb{C})$. Cette connexion ne dépend pas du choix de σ, de sorte que l'équation différentielle E définit une connexion projective sur X.

Proposition 5.12. Soit $\mathcal{L}$ un faisceau inversible sur une courbe lisse X. La construction 5.10 établit une bijection entre

a) l'ensemble des équations différentielles ordinaires du second ordre sur $\mathcal{L}$

b) <u>l'ensemble des couples formés d'une connexion projective sur</u> X <u>et d'une connexion sur</u> $\Omega^1(\mathcal{L}^{\otimes 2})$.

Le problème est local sur X ; on peut donc supposer que X est un ouvert de $\mathbb{C}$ et que $\mathcal{L} = \mathcal{O}$. Une équation E s'écrit alors

$$E : y'' + a(x)\, y' + b(x)y = 0 \quad .$$

Si on identifie $P^1(\mathcal{L})$ à $\mathcal{O}^2$, la matrice de la connexion 5.10 définie par E sur $\overset{2}{\wedge} P^1(\mathcal{L}) \sim \mathcal{O}$ est alors $-a(x)$ (trace de la matrice 4.8.1).

Soit φ l'application identique de X , ouvert de $\mathbb{P}^1(\mathbb{C})$, dans X , muni de la connexion projective définie par E . Identifiant Ω à $\mathcal{O}$ à l'aide de la coordonnée locale donnée, on a alors

(5.12.1) $$\theta(\varphi) = b/3 - \frac{1}{12}\,(a^2 + 2\,a') \quad .$$

En effet, si f et g sont deux solutions linéairement indépendantes de E , alors l'application de coordonnées projectives

$$(f,g) : X \longrightarrow \mathbb{P}^1(\mathbb{C})$$

appartient à la connexion projective. On a

$$\begin{aligned} f'' &= -\,(af' + bf) \\ f''' &= -\,a(-af' - bf) - bf' - a'f' - b'f \\ &= (a^2 - a' - b)f' + (ab - b')f \quad . \end{aligned}$$

La formule (5.9.3) fournit, si on écrit les déterminants par leur première ligne

$$\begin{aligned} \theta(\varphi) &= \frac{|f\ f'|(\frac{1}{6}(a^2 - a' - b)|f\ f'| + \frac{1}{2}\,b|f\ f'|) - (\frac{a}{2})^2|f\ f'|^2}{|f\ f'|^2} \\ &= \frac{1}{6}\,(a^2 - a' - b) + \frac{1}{2}\,b - \frac{a^2}{4} = \frac{1}{3}\,b - \frac{1}{12}\,(a^2 + 2a') \quad . \end{aligned}$$

On conclut en notant que (a,b) est uniquement déterminé par $(-a, \frac{1}{3}\,b - \frac{1}{12}\,(a^2 + 2\,a'))$, et que pour g fonction holomorphe sur un ouvert U de $\mathbb{C}$, il existe une et une seule connexion projective sur U vérifiant $\theta(\varphi) = g$, pour φ appartenant à la connexion (même démonstration que 5.10, ou 5.8).

6. Fonctions multiformes de détermination finie.

6.1. Soit X un espace topologique connexe non vide, localement connexe par arc et localement simplement connexe par arc, et soit x_o un point de X. On désignera par $\pi : X_{x_o} \longrightarrow X$ le revêtement universel de (X,x_o) et par $\tilde{x}_o$ le point base de $\tilde{X}_{x_o}$.

Si $\underline{F}$ est un faisceau sur X, on pose la

Définition 6.2. Une section multiforme de $\underline{F}$ sur X est une section globale de l'image réciproque $\pi^*\underline{F}$ de $\underline{F}$ sur $\tilde{X}_{x_o}$.

Si s est une section multiforme de $\underline{F}$ sur X, une détermination de s en un point x de X est un élément de la fibre $\underline{F}_{(x)}$ de $\underline{F}$ en x image réciproque de s par une section locale de π en x. Chaque point dans $\pi^{-1}(x)$ définit donc une détermination de s en x. On appellera détermination de base de s en x_o la détermination définie par $\tilde{x}_o$. On appelle encore détermination de s sur un ouvert U de X une section de $\underline{F}$ sur U dont le genre en chaque point de U soit une détermination de s en ce point.

Définition 6.3. On dit que $\underline{F}$ vérifie le principe de prolongement analytique si le lieu de coïncidence de deux sections locales de $\underline{F}$ est toujours (ouvert et) fermé.

Exemple 6.4. Si $\underline{F}$ est un faisceau analytique cohérent sur un espace analytique complexe, $\underline{F}$ vérifie le principe de prolongement analytique si et seulement si $\underline{F}$ est sans composantes immergées.

Proposition 6.5. Soient X et x_o comme en 5.1 et $\underline{F}$ un faisceau de $\mathbb{C}$-vectoriels sur X vérifiant le principe de prolongement analytique. Pour toute section multiforme s de $\underline{F}$, les conditions suivantes sont équivalentes

(i) Les déterminations de s en x_o engendrent un sous-vectoriel de dimension finie dans $\underline{F}_{x_o}$.

(ii) Le sous-faisceau de $\mathbb{C}$-vectoriels de $\underline{F}$ engendré par les déterminations de s est un système local complexe (1.1).

Il est trivial que (ii) $\Longrightarrow$ (i) . Prouvons que (i) $\Longrightarrow$ (ii). Soit x un point de X en lequel les déterminations de s engendrent un sous-vectoriel de dimension finie de $\underline{F}_x$ et soit U un voisinage connexe ouvert de x au-dessus duquel $\tilde{X}_{x_o}$ soit trivial : $(\pi^{-1}(U),\pi) \simeq (U \times I , pr_1)$ pour un ensemble I convenable. Prouvons que sur U , les déterminations de s engendrent un système local complexe. Chaque $i \in I$ définit une détermination s_i de s , et, sur U le sous-faisceau vectoriel de $\underline{F}$ engendré par les déterminations de s est engendré par les $(s_i)_{i \in I}$; si ce faisceau est constant, l'hypothèse sur x implique que c'est un système local complexe. On a

<u>Lemme</u> 6.6. <u>Si un faisceau de $\mathbb{C}$-vectoriels $\underline{F}$ sur un espace connexe vérifie le principe de prolongement analytique, alors le sous-faisceau vectoriel de $\underline{F}$ engendré par une famille de sections globales</u> s_i <u>est un faisceau constant</u>.

Les sections s_i définissent

$$a : \underline{\mathbb{C}}^{(I)} \longrightarrow F$$

d'image le sous-faisceau vectoriel G de F engendré par les s_i . Si une relation $\Sigma \lambda_i s_i = 0$ entre les s_i est vraie en un point, elle est partout vraie par le principe de prolongement analytique.

Le faisceau $\mathrm{Ker}(a)$ est donc un sous-faisceau constant de $\underline{\mathbb{C}}^{(I)}$ et l'assertion en résulte.

On conclut la démonstration de 6.5 en notant que, d'après ce qui précède, le plus grand ouvert de X sur lequel les déterminations de s engendrent un système local est fermé et contient x_o .

<u>Définition</u> 6.7. <u>Sous les hypothèses de</u> 6.5 , <u>une section multiforme</u> s <u>de</u> $\underline{F}$ <u>est dite de</u> détermination finie <u>si elle vérifie les conditions équivalentes de</u> 6.5 .

6.8. Sous les hypothèses de 6.5, soit s une section multiforme de détermination finie de $\underline{F}$. Cette section définit

a) le système local V engendré par ses déterminations

b) un genre de section de V en x_o , soit v_o , correspondant à la détermination de base de s

c) un morphisme d'inclusion $\lambda : V \longrightarrow \underline{F}$.

Le triple formé de V_{x_o} , de v_o et de la représentation de $\pi_1(X,x_o)$ sur V_{x_o} définie par V (1.4) s'appelle la <u>monodromie</u> de s . Le triple (V,v_o,λ) vérifie les 2 conditions suivantes.

(6.8.1) v_o est un vecteur cyclique du $\pi_1(X,x_o)$-module V_{x_o} , i.e. engendre le $\pi_1(X,x_o)$-module V_{x_o} .

Ceci signifie simplement que V est engendré par l'ensemble des déterminations de l'unique section multiforme de V de détermination de base v_o

(6.8.2) $$\lambda : V_{x_o} \longrightarrow \underline{F}_{x_o}$$

est injectif.

6.9. Soit W_o une représentation complexe de dimension finie de $\pi_1(X,x_o)$, munie d'un vecteur cyclique w_o . La section multiforme s de $\underline{F}$ est dite de <u>monodromie subordonnée</u> à (w_o,v_o) si elle est de détermination finie et si, avec les notations de 6.8, il existe un homomorphisme de $\pi_1(X,x_o)$-représentations de W_o dans V_{x_o} qui envoie w_o sur v_o . Soient W le système local défini par W_o , et w l'unique section multiforme de w de détermination de base w_o . Il est clair que, sous les hypothèses de 6.5, on a la

<u>Proposition</u> 6.10. <u>La fonction</u> $\lambda \longmapsto \lambda(w)$ <u>est une bijection entre l'ensemble</u> $\mathrm{Hom}_{\mathbb{C}}(W,\underline{F})$ <u>et l'ensemble des sections multiformes de</u> $\underline{F}$ <u>de monodromie subordonnée à</u> (W_o,w_o) .

<u>Corollaire</u> 6.11. <u>Soient</u> X <u>un espace analytique complexe réduit connexe muni d'un point base</u> x_o , W_o <u>une représentation complexe de dimension finie de</u> $\pi_1(X,x_o)$, <u>munie d'un vecteur cyclique</u> w_o , W <u>le système local correspondant sur</u> X , $\mathcal{W} = \mathcal{O} \otimes_{\mathbb{C}} W$

le fibré vectoriel associé, w l'unique section multiforme de $\mathbb{W}$ de détermination de base w_o , et $\mathbb{W}^\vee$ le fibré vectoriel dual de $\mathbb{W}$. La fonction

$$\lambda \longrightarrow < \lambda, w > , \quad \text{de} \quad \Gamma(X, \mathbb{W}^\vee)$$

dans l'ensemble des fonctions holomorphes multiformes sur X de monodromie subordonnée à (W_o, w_o) , est une bijection.

Corollaire 6.12. Si X est de Stein, il existe sur X des fonctions holomorphes multiformes ayant n'importe quelle monodromie (W_o, w_o) donnée à l'avance.

II. Connexions régulières.

1. Régularité en dimension un.

1.1. Soit U un voisinage ouvert de 0 dans $\mathbb{C}$ et soit une équation différentielle du $n^{\text{ième}}$ ordre,

$$y^{n/} + \sum_{i=0}^{n-1} a_i(x)\, y^{i/} = 0 \tag{1.1.1}$$

où a_i est une fonction holomorphe sur $U - \{0\}$. On dit classiquement que 0 est un point singulier régulier de l'équation (1.1.1) si les fonctions $x^{n-i}\, a_i(x)$ sont holomorphes en 0. Ceci signifie encore que, après multiplication par x^n, l'équation (1.1.1) se met sous la forme

$$\left(x\frac{d}{dx} \right)^n y + \Sigma\, b_i(x) \left(x\frac{d}{dx}\right)^i y = 0 \quad , \tag{1.1.2}$$

avec $b_i(x)$ holomorphe en zéro.

Dans ce §, on traduit cette notion en terme de connexions (cf. I.4), et on en établit quelques propriétés.

Les résultats de ce § m'ont été enseignés par N. KATZ. Ils sont soit dûs à N. KATZ (voir notamment [14] [15]), soit classiques (voir par exemple INCE [13], Turrittin [25] [26]).

1.2. Soient K un corps (commutatif) Ω un vectoriel de rang un sur K et $d : K \longrightarrow \Omega$ une dérivation non triviale, i.e. une application additive non nulle vérifiant l'identité

$$d(xy) = x\, dy + y\, dx \quad . \tag{1.2.1}$$

Soit V un vectoriel de dimension finie n sur K. Une <u>connexion</u> sur V est une application additive $\nabla : V \longrightarrow \Omega \otimes V$ vérifiant l'identité

$$\nabla(xv) = dx.v + x.\nabla v \quad . \tag{1.2.2}$$

Si τ est un élément du dual $\Omega^{\vee}$ de Ω, on pose

$$\partial_\tau(x) = \langle dx, \tau \rangle \in K \tag{1.2.3}$$

$$\nabla_\tau(v) = \langle \nabla v, \tau \rangle \in V \quad . \tag{1.2.4}$$

On a donc

(1.2.5) ∂_τ est une dérivation

(1.2.6) $\nabla_\tau(xv) = \partial_\tau(x).v + x.\nabla_\tau v$

(1.2.7) $\nabla_{\lambda\tau}(v) = \lambda.\nabla_\tau v$.

Soit $v \in V$. On vérifie facilement que le sous-vectoriel de V engendré par les vecteurs

$$v , \nabla_{\tau_1} v , \nabla_{\tau_2} \nabla_{\tau_1} v , \dots , \nabla_{\tau_k} \dots \nabla_{\tau_1} v ,$$

pour $\tau_i \neq 0$ dans Ω , ne dépend pas du choix des $\tau_i \neq 0$ et ne change pas si on remplace v par λv $(\lambda \in K^*)$. De plus, si le dernier de ces vecteurs est combinaison linéaire des précédents, alors ce vectoriel est stable par dérivation. On dira que v est un <u>vecteur cyclique</u> si pour $\tau \in \Omega$, les vecteurs

$$\nabla_\tau^i v \quad (0 \leq i < n)$$

forment une base de V .

<u>Lemme</u> 1.3. <u>Sous les hypothèses précédentes, et si</u> K <u>est de caractéristique</u> 0 , <u>il existe un vecteur cyclique</u>.

Soit $t \in K$ tel que $dt \neq 0$, et soit $\tau = t/dt \in \Omega^\vee$. On a $\partial_\tau(t^k) = kt^k$.

Soit $m \leq n$ le plus grand entier tel qu'il existe un vecteur e tel que les vecteurs $\partial_\tau^i e$ $(0 \leq i < m)$ soient linéairement indépendants. Si $m \neq n$, il existe un vecteur f linéairement indépendant des $\partial_\tau^i e$. Quels que soient le nombre rationel λ et l'entier k , les vecteurs

$$\partial_\tau^i(e + \lambda\, t^k f) \qquad (0 \leq i \leq m)$$

sont linéairement dépendants, et leur produit extérieur $\omega(\lambda,k)$ est donc nul. On a

$$\partial_\tau^i\, (e + \lambda\, t^k f) = \partial_\tau^i\, e + \lambda \sum_{0 \leq k \leq i} k^j\, t^k\, \partial_\tau^{i-j}\, f$$

On déduit de cette formule une décomposition finie

$$\omega(\lambda,k) = \sum_{\substack{0 \leq a \leq m \\ 0 \leq b}} \lambda^a\, t^{ka}\, k^b\, \omega_{a,b}$$

avec $\omega_{a,b}$ indépendant de λ et k. Puisque $\omega(\lambda,k) = 0$ pour tout λ dans $\mathbb{Q}$, et que

$$\omega(\lambda,k) = \Sigma\, \lambda^a\, \omega_a(k) \ , \text{ avec } \omega_a(k) = t^{ka}(\Sigma\, k^b \omega_{a,b}) = t^{ka}\, \omega'_a(k)$$

on a $\omega_a(k) = \omega'_a(k) = 0$. Puisque

$$\omega'_a(k) = \Sigma\, k^b\, \omega_{a,b} = 0$$

pour tout $k \in \mathbb{Z}$, on a $\omega_{a,b} = 0$. En particulier

$$\omega_{1,m} = e \wedge \partial_\tau^1 e \wedge \ldots \wedge \partial_\tau^{m-1} e \wedge f = 0 \ ,$$

et f est linéairement dépendant des $\partial_\tau^i e$ $(0 \leq i < m)$, contrairement à l'hypothèse. On a donc $m = n$ et e est un vecteur cyclique.

1.4. Soit $\mathcal{O}$ un anneau de valuation discrète d'<u>égale caractéristique</u> 0, d'idéal maximal m, de corps résiduel $k = \mathcal{O}/m$ et de corps des fractions K. On suppose $\mathcal{O}$ muni d'un $\mathcal{O}$-module libre de rang un Ω et d'une dérivation $d : \mathcal{O} \longrightarrow \Omega$ qui vérifie

(1.4.1) <u>Il existe une uniformisante</u> t <u>telle que</u> dt <u>engendre</u> Ω. (Pour moins d'hypergénéralité, voir 1.7).

Si t_1 est une autre uniformisante, on a $t_1 = at$ avec $a \in \mathcal{O}^*$, et par hypothèse da est multiple de dt : $da = \lambda\, dt$. On a donc

$$dt_1 = a.dt + da.t = (a + \lambda t)\, dt \quad , \text{ et}$$

(1.4.2) Pour toute uniformisante t, dt engendre Ω.

On désignera par

$$v : K^* \longrightarrow \mathbb{Z}$$

la valuation de K définie par $\mathcal{O}$; on désignera encore par v la valuation de $\Omega \otimes K$ définie par le réseau Ω. Pour t une uniformisante,

$$v(\omega) = v(\omega/dt) \ .$$

Si $f \in K^*$, $f = at^n (a \in \mathcal{O})$, on a $df = da.t^n + n\, a\, t^{n-1}\, dt$ et donc

(1.4.3) $v(df) \leq v(f) - 1$

(1.4.4) $v(f) \neq 0 \Longrightarrow v(df) = v(f) - 1$.

En particulier, d est continu, s'étend en $d : \mathcal{O}^{\wedge} \longrightarrow \Omega^{\wedge}$, et le triple $(\mathcal{O}^{\wedge}, d, \Omega^{\wedge})$ vérifie encore (1.4.1) .

<u>Lemme</u> 1.5. <u>Si $\mathcal{O}$ est complet, alors le triple</u> $(\mathcal{O}, d, \Omega)$ <u>est isomorphe au triple</u> $(k[[t]], \partial_t, k[[t]])$.

Les homomorphismes induits par d

$$Gr(d) : m^i/m^{i+1} \longrightarrow m^{i-1} \Omega/m^i\Omega$$

sont linéaires bijectifs (1.4.4). Puisque $\mathcal{O}$ est complet, $d : m \longrightarrow \Omega$ est donc surjectif et $Ker(d) \xrightarrow{\sim} k$. Ceci nous fournit un corps de représentants annulé par d , et le choix d'une uniformisante t fournit l'isomorphisme voulu $k[[t]] \xrightarrow{\sim} \mathcal{O}$.

1.6. Si une $\mathcal{O}$-algèbre $\mathcal{O}'$ est un anneau de valuation discrète de corps des fractions K' algébrique sur K , la dérivation d se prolonge de façon unique en $d : K' \longrightarrow \Omega \otimes_{\mathcal{O}} K'$. Soient e l'indice de ramification de $\mathcal{O}$ à $\mathcal{O}'$, et t' une uniformisante de $\mathcal{O}'$. On pose

$$\Omega' = 1/t'^{e-1}\, \Omega \otimes_{\mathcal{O}} \mathcal{O}' .$$

On vérifie aisément à l'aide de 1.6 que le triple $(\mathcal{O}', d, \Omega')$ vérifie encore 1.4.1 .

1.7. Nous serons surtout intéressés par les exemples suivants. Soient X une courbe algébrique complexe non singulière et $x \in X$. On prend au choix

(1.7.1) $\mathcal{O} = \mathcal{O}_{x,X}$, anneau local pour la topologie de Zariski, $\Omega = (\Omega^1_{X/\mathbb{C}})_x$, d = différentielle

(1.7.2) $\mathcal{O} = \mathcal{O}_{x,X^{an}}$, anneau local des germes de fonctions holomorphes en x , $\Omega = (\Omega^1_{X^{an}/\mathbb{C}})_{(x)}$, d = différentielle

(1.7.3) le complété commun de 1.7.1 et 1.7.2 .

1.8. Sous les hypothèses de 1.4, soit V un espace vectoriel de dimension finie sur K, et V_o un réseau dans V, i.e. un sous-$\mathcal{O}$-module libre de V tel que $KV_o = V$. Pour tout homomorphisme $e : \mathcal{O}^n \longrightarrow V$, on appellera valuation $v(e)$ de e le plus grand entier m tel que $e(\mathcal{O}^n) \subset m^m.V_o$. Si V_o et V_1 sont deux réseaux, il existe un entier s indépendant de e et n tel que

$$(1.8.1) \qquad |v_o(e) - v_1(e)| \le s \quad .$$

<u>Théorème</u> 1.9. (N. Katz) <u>Sous les hypothèses de</u> 1.4 <u>et avec les notations de</u> 1.8, <u>soit</u> ∇ <u>une connexion</u> (1.2) <u>sur un espace vectoriel</u> V <u>de dimension</u> n <u>sur</u> K. <u>Une des conditions suivantes est vérifiée</u>

a) <u>Quels que soient le réseau</u> V_o <u>dans</u> V, <u>la base</u> $e : K^n \xrightarrow{\sim} V$ <u>de</u> V, <u>la forme différentielle présentant un pôle simple</u> ω <u>et</u> $\tau = \omega^{-1} \in \Omega_K$, <u>les nombres</u> $-v(\nabla_\tau^i e)$ <u>sont bornés supérieurement</u>

b) <u>Il existe un nombre rationnel</u> $r > 0$, <u>de dénominateur au plus</u> n, <u>tel que, quels que soient</u> V_o, e <u>et</u> τ <u>comme plus haut, la famille des nombres</u>

$$|-v(\nabla_\tau^i e) - ri|$$

<u>est bornée</u>.

Les conditions a) et b) sont plus maniables sous une autre forme

<u>Lemme</u> 1.9.1. <u>Soient</u> V_o, τ <u>et</u> e <u>comme en</u> 1.9. <u>L'estimation</u> b), <u>pour une valeur donnée de</u> r, <u>équivaut à</u>

$$(1.9.2) \qquad |\sup_{j \le i}(-v\, \nabla_\tau^j e) - ri| \le C^{te} \quad .$$

<u>L'estimation</u> a) <u>équivaut à la même majoration</u> (1.9.2) <u>pour</u> $r = 0$.

Le passage de 1.9 à (1.9.2) est clair, ainsi que la réciproque pour $r = 0$. Supposons donc (1.9.2) vrai pour $r > 0$ et une valeur C_o de la constante. On a

$$(a) \qquad -v\, \nabla_\tau^j e - ri \le C_o \quad .$$

On vérifie aussitôt qu'il existe une constante k telle que

$$-v\, \nabla_\tau^n(\nabla_\tau^i e) \le -v\, \nabla_\tau^i e + kn \quad .$$

Dès lors,

$$- C_o + r(i+n) \le \sup_{j\le i+n} - v\nabla^j_\tau e = \sup(\sup_{j\le i} -v\,\nabla^j_\tau e\,,\ -v\nabla^i_\tau e + kn)$$

$$\le \sup(C_o + ri\,,\ -v\nabla^i_\tau e + kn)$$

et si $-C_o + r(i+n) > C_o + ri$, i.e. si $n > 2\,C_o/r$, on a

(b) $-v\nabla^i_\tau\, e \ge (-C_o - kn - rn) + ri$.

Les inégalités (a) et (b) impliquent l'inégalité du type 1.9

$$|-v\nabla^i_\tau e - ri| \le C_o + kn + rn \quad .$$

<u>Lemme</u> 1.9.3. <u>Soient deux systèmes</u> $(V_o,\tau_o,e_o)(V_1,\tau_1,e_1)$ <u>comme en</u> 1.9 . <u>On a</u>

$$|\sup_{j\le i}(-v_1\nabla^j_{\tau_1} e_1) - \sup_{j\le i}(-v_o\nabla^j_{\tau_o} e_o\ )| \le C^{te} \quad .$$

Il suffit d'établir une inégalité (1.9.3) lorsqu'on change une seule des données V_o , τ_o , e . Le cas où on change seulement le réseau de référence V_o résulte de (1.8.1).

On utilisera systématiquement que, pour $f \in K$, on a par 1.4.3 (notation de 1.2.3)

(1.9.4) $$v(\partial_{\tau_i} f) \ge v(f) \ .$$

Si e et f sont deux bases, on a $e = fa$ avec $a \in GL_n(K)$, d'où

$$\nabla^i_\tau(e) = \sum_j \binom{i}{j}\, \nabla^j_\tau(f).\ \nabla^{i-j}_\tau a \quad ,$$

et, par (1.9.4),

$$v(\nabla^i_\tau(e)) \ge \inf_{j\le i} v(\nabla^j_\tau f) + C^{te}$$

d'où

$$\sup_{j\le i}(-v\ \nabla^j_\tau e) - \sup_{j\le i}(-v\nabla^j_\tau f) \le C^{te} \ .$$

Renversant les rôles de e et f , on a de même

$$\sup_{j\le i}(-v\nabla^j_\tau f) - \sup_{j\le i}(-v\nabla^j_\tau e) \le C^{te}$$

d'où l'estimation 1.9.3 pour un changement de base.

Si τ et σ sont deux vecteurs comme en 1.9, on a $\sigma = f\tau$ avec f inversible, d'où

$$\nabla_\sigma = f\ \nabla_\tau \qquad (f \in \mathcal{O}^*)$$

et on vérifie par récurrence que

$$\nabla_\sigma^i = \sum_{j\le i} \varphi_j\ \nabla_\tau^j \qquad (\varphi_j \in \mathcal{O}) \ .$$

On en déduit que

$$v\ \nabla_\sigma^i(e) \geq \inf_{j\le i}\ v\ \nabla_\tau^j(e) \quad ,$$

d'où

$$\sup_{j\le i}(-v\,\nabla_\sigma^j(e)) \leq \sup_{j\le i}(-v\ \nabla_\tau^j(e)) \ .$$

Renversant les rôles de σ et τ, on conclut que

(1.9.5)
$$\sup_{j\le i}(-v\ \nabla_\sigma^j(e)) = \sup_{j\le i}(-v\ \nabla_\tau^j(e)) \ .$$

D'après 1.9.1 et 1.9.3, il suffit, pour prouver 1.9, de prouver une majoration de type (1.9.2) pour <u>un</u> choix de (V_o,τ,e) .

<u>Lemme</u> 1.9.6. <u>Sous les hypothèses de</u> 1.9, <u>soient</u> $e : K^n \longrightarrow V$ <u>une base de</u> V , t <u>une uniformisante</u>, ω <u>une forme différentielle présentant un pôle simple</u> (= <u>une base de</u> $t^{-1}\Omega$) , $\tau = \omega^{-1} \in \Omega$, <u>et</u> $\Gamma = (\Gamma_j^i)$ <u>la matrice de connexion dans les bases</u> e , ω . <u>Soient</u> s <u>et</u> $(r_i)_{1\le i\le n}$ <u>des nombres rationnels</u>, <u>posons</u> $r_{ij} = s + r_i - r_j$ <u>et supposons que</u>

$$-v\ (\Gamma_j^i) \leq r_{i,j} \ .$$

<u>Soit enfin</u> $\gamma \in M_n(k)$ <u>la matrice de coefficients les</u> " $t^{r_{i,j}}\ \Gamma_j^i \bmod m$ " :

$$\gamma_j^i = 0 \quad \text{si} \quad -v(\Gamma_j^i) < r_{i,j}$$

$$\gamma_j^i = t^{r_{i,j}}\ \Gamma_j^i \bmod m \qquad \text{si}\ -v(\Gamma_j^i) = r_{i,j} \ .$$

<u>On suppose que</u> $s \leq 0$, <u>ou que</u> γ <u>est non nilpotente</u>. <u>Alors</u>, <u>une majoration</u> (1.9.2) <u>est vérifiée pour</u> $r = \sup(s,0)$.

Soient N un entier tel que les $r_i N$ soient entiers, $\mathcal{O}' = \mathcal{O}(\sqrt[N]{t})$, K' le corps des fractions de K , $v : K'^* \longrightarrow \frac{1}{N}\mathbb{Z}$ la valuation de K' qui prolonge v

et Λ la matrice diagonale de coefficients les t^{-r_i} .

Sur $\mathcal{O}'$, soient ω' la base de $\Omega \otimes K'$ image inverse de ω , τ' la base correspondante de $\Omega'^{\vee} \otimes K'$ et $e' = e\Lambda$ une nouvelle base de $V' = V \otimes K'$. Dans ces bases, la matrice de connexion est

$$\Gamma' = \Lambda^{-1} \Gamma \Lambda + \Lambda^{-1} \partial_{\tau'} \Lambda \ .$$

La matrice $\Lambda^{-1} \partial_{\tau'} \Lambda$ est à coefficients dans $\mathcal{O}'$, de sorte que soit

(a) $s \leq 0$, et Γ' est à coefficients dans $\mathcal{O}'$

(b) $s > 0$, $-v(\Gamma') = s$, et la "partie la plus polaire" γ de Γ' est non nilpotente, de sorte que $-v(\Gamma'^{\ell}) = \ell s$.

Par définition de Ω' (1.6) , ω' présente un pôle simple. Dans le cas (a), on en conclut par récurrence sur ℓ que

$$v(\nabla^{\ell}_{\tau'} e') \geq 0 \ .$$

On vérifie par récurrence sur m que dans la base e'

$$\nabla^m_{\tau'} = \sum_{0 \leq k \leq n} (\Gamma'^{m-i} + \Delta_i)\, \partial^i_{\tau}$$

où Δ_i est some algébrique de produits d'au plus $m - i - 1$ facteurs $\partial^{\ell}_{\tau'} \Gamma$. En particulier,

$$\nabla^m_{\tau} e' = \Gamma'^m + \Delta_m$$

et, dans le cas (b) ,

$$-v\,(\nabla^m_{\tau'}\, e') = ms \ .$$

Ceci vérifie (1.9.2) sur $\mathcal{O}'$ (pour des bases convenables), et 1.9.6 résulte dès lors de 1.9.3.

Le théorème 1.9 résulte de la proposition suivante et de 1.3 .

<u>Proposition</u> 1.10. <u>Sous les hypothèses de</u> 1.9, <u>soient</u> X <u>une base de</u> $\Omega^{\vee}$, t <u>une uniformisante</u>, $\tau = tX$ <u>et</u> v <u>un vecteur cyclique</u> (1.2) <u>de</u> V . <u>Posons</u>

$$\begin{cases} \nabla_X^n v = \sum_{i<n} a_i \nabla_X^i v \\ \nabla_\tau^n v = \sum_{i<n} b_i \nabla_\tau^i v \end{cases} .$$

__Alors__, __la majoration__ (1.9.2) __est vraie pour__

$$r = \sup(0, \sup(-v(b_i)/n-i)$$
$$= \sup(0, \sup(-v(a_i)/n-i)-1 .$$

__La même conclusion vaut pour__ v __vecteur cyclique de__ $V^\vee$.

Cette proposition fournit un procédé de calcul de r pour V fibré vectoriel à connexion défini par une équation différentielle du $n^{\text{ième}}$ ordre (cf. I 4.8).

On a les identités

$$(t\nabla_X)^n - \Sigma\, b_i (t\nabla_X)^i = t^n(\nabla_X^n - \Sigma\, a_i \nabla_X^i)$$
$$(t^{-1}\nabla_\tau)^n - \Sigma\, a_i (t^{-1}\nabla_\tau)^i = t^{-n}(\nabla_\tau^n - \Sigma\, b_i \nabla_\tau^i) .$$

De ces identités, on tire que

$$a_i = g_{n,i} + \sum_{j\geq i} g_{j,i}\, b_j \quad , \ v(g_{j,i}) \geq i-n$$

$$b_i = h_{n,j} + \sum_{j\geq i} h_{i,j}\, a_j \quad , \ v(h_{i,j}) \geq n-j$$

et pour $i \geq 0$,

$$\sup(0, \sup_{j\geq i}(-v(b_j))) = \sup(0, \sup_{j\geq i}(-v(a_j) - (n-j))) .$$

Les deux expressions données pour r coïncident donc.

Si $v \in V$ est un vecteur cyclique, la matrice de la connexion, dans les bases $(\nabla_\tau^i v)_{0\leq i\leq n}$ de V et τ de $\Omega^\vee$ est

$$\Gamma = \begin{pmatrix} 0 & & & & b_o \\ 1 & 0 & & & b_1 \\ & \ddots & \ddots & & \vdots \\ & & 1 & 0 & b_{n-2} \\ & & & 1 & b_{n-1} \end{pmatrix} .$$

Si $v \in V^{\vee}$ est un vecteur cyclique, la matrice de la connexion dans la base de V de cobase $(\nabla_{\tau}^{i} v)_{0 \leq i < n}$ et la base τ de $\Omega^{\vee} \otimes K$ est

$$\Gamma = - \begin{pmatrix} 0 & 1 & & & \\ & 0 & \ddots & & \\ & & \ddots & 1 & \\ & & & 0 & 1 \\ b_o & b_1 & \cdots & b_{n-2} & b_{n-1} \end{pmatrix} .$$

Il reste à appliquer 1.9.6 . Pour $v \in V$, on prend $r_i = -ri$ et $s = r$. Pour $v \in V^{\vee}$, on prend $r_i = ri$ et $s = r$. Dans le premier (resp second cas), si $s = r > 0$, la matrice γ est du type

$$\gamma = \begin{pmatrix} 0 & & & & * \\ 1 & 0 & & & * \\ & \ddots & \ddots & & \vdots \\ & & 1 & 0 & * \\ & & & 1 & * \end{pmatrix} ,$$

un des coefficients de la dernière colonne étant non nul si $s > 0$ (resp γ est du type transposé). Ces coefficients sont ceux du polynome caractéristique de γ , qui n'est donc pas nilpotent pour $s > 0$.

Définition 1.11 *Sous les hypothèses de* 1.9, *on dit que la* connexion ∇ *est régulière si la condition* a) *de* 1.9 *est vérifiée.*

Théorème 1.12. (N. Katz) *Sous les hypothèses de* 1.9, *on a*

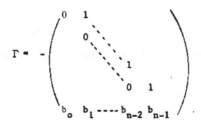

(i) *Pour que la connexion* ∇ *soit régulière, il faut et il suffit que* V *admette* une base e telle que la matrice de la connexion, dans cette base, soit une matrice de forme différentielles présentant au pis des pôles simples.

(ii) Pour que la connexion ∇ soit irrégulière, et vérifie une majoration (1.9.2) pour $r = a/b > 0$, il faut et il suffit qu'après le changement d'anneaux de $\mathcal{O}$ à $\mathcal{O}' = \mathcal{O}(\sqrt[b]{t})$, et pour la valuation naturelle, à valeurs dans $\mathbb{Z}$, de $\mathcal{O}'$, V admette une base e telle que la matrice de la connexion, dans cette base, présente un pôle d'ordre $a + 1$, et que la partie polaire d'ordre $a+1$ de cette matrice (matrice dans $M_n(k)$ déterminée à un facteur près) soit non nilpotente.

Par extension des scalaires, le nombre r tel que ∇ vérifie (1.9.2) est multiplié par l'indice de ramification. Ceci nous ramène au cas où $b = 1$. Les conditions de (i) et (ii) sont alors suffisantes, d'après 1.9.6. Réciproquement, soit v un vecteur cyclique (1.3), t une uniformisante et $\tau \in \Omega^{\vee}$ de valuation 1. Il résulte des démonstrations de 1.9.6 et 1.10 que la base $e_i = t^{ri} \nabla_\tau^i v$ $(0 \leq i < \dim V)$ vérifie (i) ou (ii).

Proposition 1.13. (i) Pour toute suite exacte horizontale

$$V' \longrightarrow V \longrightarrow V'',$$

si les connexions de V' et V'' sont régulières, alors la connexion de V est régulière

(ii) Si les connexions de V_1 et V_2 sont régulières, alors les connexions naturelles de

$$V_1 \otimes V_2 \;,\; \underline{\mathrm{Hom}}(V_1,V_2) \;,\; V_1^{\vee} \;,\; \overset{p}{\wedge} V_1 \;,\; \ldots$$

sont régulières

(iii) Si $\mathcal{O}'$ est un anneau de valuation discrète de corps des fractions K' algébrique sur le corps des fractions K de $\mathcal{O}$, et si $V' = V \otimes_K K'$, alors la connexion de V' est régulière si et seulement si celle de V l'est.

L'assertion (iii), déjà utilisée en 1.12, résulte par exemple du calcul 1.10 et du fait que l'image réciproque d'une forme différentielle présentant un pôle simple présente encore un pôle simple.

L'assertion (ii) résulte aussitôt du critère 1.12 (i).

L'assertion (i) signifie que pour toute suite exacte courte

$$0 \longrightarrow V' \longrightarrow V \longrightarrow V'' \longrightarrow 0 \quad ,$$

V est régulier si et seulement si V' et V'' le sont. Après une éventuelle extension des scalaires, choisissons des bases e' et e'' de V' et V'' vérifiant 1.12 (i) ou (ii). Relevons e'' en une famille de vecteurs e''_o de V. Pour N grand, la base $e' \cup t^{-N} e''_o$ de V vérifiera 1.12 (i) si e' et e'' vérifient 1.12 (i), et vérifiera 1.12 (ii) dans le cas contraire.

1.14. Soient S une surface de Riemann, $p \in S$ et z une uniformisante en p. On désigne par j l'inclusion de $S^* = S - \{p\}$ dans S. On appelle fibré vectoriel (holomorphe) sur S^*, méromorphe en p, la donnée de

(i) un fibré vectoriel V sur S^*

(ii) une classe d'équivalence d'extensions de V en un fibré vectoriel sur S, deux extensions V_1 et V_2 étant dites équivalentes s'il existe un entier n tels que $z^n V_1 \subset V_2 \subset z^{-n} V_1 \subset j_* V$.

Un tel fibré définit un vectoriel V_K sur le corps des fractions K de l'anneau local $\mathcal{O}_{p,S}$. Par base de V, on entendra une base qui se prolonge en une base d'un des prolongements permis de V. Il est clair que V admet des bases de ce type dans un voisinage de p. Une connexion ∇ sur V est dite méromorphe en p si ses coefficients (dans une quelconque base de V) sont méromorphes en p. Une telle connexion définit une connexion 1.2 sur V_K (cf. 1.7.2). On dira qu'une connexion ∇ sur V est régulière en p si elle est méromorphe en 0 et si la connexion induite sur V_K est régulière au sens 1.11, i.e. s'il existe une base de V près de p pour laquelle la matrice de la connexion présente au pis un pôle simple en p (1.12).

1.15. Soient D le disque unité ouvert

$$D = \{z \mid |z| < 1\}$$

et $D^* = D - \{0\}$. Le groupe $\pi_1(D^*)$ est cyclique infini, de générateur le lacet

$t \longrightarrow \lambda.e^{2\pi i t}$ $(0 \leq t \leq 1)$. Le groupoïde fondamental est donc le groupe constant $\mathbb{Z}$. Il agit sur tout système local sur D^* . Vu le dictionnaire I2, tout fibré vectoriel à connexion V est donc muni d'une action du groupe fondamental local $\mathbb{Z}$. Le générateur T de cette action s'appelle la <u>transformation de monodromie</u>.

1.16. Soient V un fibré vectoriel sur D , et ∇ une connexion sur $V|D^*$, méromorphe en 0 . Si $(e_i)_{i=1,2}$ sont deux bases de V , dans lesquelles ∇ est représenté par $\Gamma_i \in \Omega^1(\mathrm{End}(V|D^*))$, la différence $\Gamma_1 - \Gamma_2$ est holomorphe en 0 . La partie polaire de Γ ne dépend donc pas du choix de e .

Supposons que Γ_i ne présente qu'un pôle simple en 0 , donc ait pour "partie polaire" un élément γ dans

$$H^o((\tfrac{1}{z}\,\Omega^1/\Omega^1)\otimes \underline{\mathrm{End}}(V)) .$$

L'application "résidu" : $H^o(\frac{1}{z}\,\Omega^1/\Omega^1) \longrightarrow \mathbb{C}$ associe alors à γ un endomorphisme de la fibre V_o de V en 0 . On appelle cet endomorphisme le <u>résidu</u> $\mathrm{Res}(\Gamma)$ de la connexion en 0 .

$$\mathrm{Res}(\Gamma) \in \mathrm{End}(V_o) .$$

<u>Théorème</u> 1.17. <u>Sous les hypothèses de</u> 1.16, <u>la transformation de monodromie</u> T <u>s'étend en un automorphisme de</u> V <u>dont la fibre en</u> 0 <u>est donnée par</u>

$$T_o = \exp(-2\pi i\ \mathrm{Res}(\Gamma))$$

On peut faire $V = \mathcal{O}^n$; l'équation différentielle pour les sections horizontales est alors

$$\partial_z v = -\Gamma v ,$$

et l'équation différentielle pour une base horizontale $e : \mathcal{O}^n \longrightarrow V$ est donc

(1) $$\partial_z\, e = -\Gamma \circ e .$$

En coordonnées polaires (r,θ)

$$z = r\,e^{i\theta} \quad , \quad dz = rie^{i\theta}\,d\theta + dr\,e^{i\theta} \quad ,$$

et cette équation fournit

$$\partial_\theta e = -ir\,\Gamma \circ e \quad .$$

Posons $\Gamma = \frac{\Gamma_o}{z} + \Gamma_1$, avec Γ_o constant et Γ_1 holomorphe. L'équation précédente se réécrit :

$$\partial_\theta\, e = -(i\, e^{-i\theta}\, \Gamma_o + ir\, \Gamma_1)\, e \quad .$$

La transformation de monodromie en (r,θ) est la valeur en $(r,\theta + 2\pi)$ de la solution de cette équation différentielle qui en (r,θ) est l'identité. Lorsque $r \longrightarrow 0$, la dite solution tend vers la solution de l'équation limite

$$(2) \qquad \partial_\theta e = -i\, e^{-i\theta}\, \Gamma_o \circ e \quad .$$

On en déduit que T a une valeur limite pour $z \longrightarrow 0$, θ fixé, et que cette valeur dépend continûment de θ . En particulier, T est borné près de 0 , donc se prolonge en un endomorphisme T de V sur D . On conclut que T a une valeur limite pour $z \longrightarrow 0$; cette valeur, donnée par l'intégration de (1), ne dépend que de Γ_o . Il suffit pour calculer cette valeur limite de la calculer pour une quelconque connexion Γ' de même résidu que Γ .

Par exemple, on vérifie :

Lemme 1.17.1. Soit sur $\mathcal{O}^n$ la connexion de matrice $U.\frac{dz}{z}$ pour $U \in GL_n(\mathbb{C})$. L'équation $\nabla e = 0$ a pour solution générale

$$e = \exp(-\log z \, . \, U) f \;\; =_{dfn} \;\; z^{-U} f$$

la monodromie donc est l'automorphisme de $\mathcal{O}^n$ de matrice constante $\exp(-2\pi i U)$.

Corollaire 1.17.2. Sous les hypothèses précédentes, l'automorphisme $\exp(-2\pi i \operatorname{Res}(\Gamma))$ de la fibre de V en 0 est limite de conjugués de l'automorphisme de monodromie.

On prendra garde qu'il n'est pas vrai en général que T_o soit conjugué à T_x pour x proche de 0 . Par exemple, si ∇ est la connexion sur $\mathcal{O}^2$ pour laquelle

$$\nabla\binom{u}{v} = d\binom{u}{v} + \begin{pmatrix}0 & 0\\ 0 & -1\end{pmatrix}\binom{u}{v}\frac{dz}{z} + \begin{pmatrix}0 & 0\\ 1 & 0\end{pmatrix}\binom{u}{v} \quad ,$$

la section horizontale générale est

$$u = a$$

$$v = az \log z + bz$$

et la transformation de monodromie est

$$T = \begin{pmatrix} 1 & 2\pi i z \\ 0 & 1 \end{pmatrix}.$$

Toutefois, il résulte de 1.17.2 que T <u>et</u> T_o <u>ont même polynôme caractéristique</u>. Voir aussi 5.6 .

1.18. Soit f une fonction multiforme sur D^* . Soit D_1 le disque D^* moins la "coupure" $R^+ \cap D^*$. On dira que f <u>a une croissance modérée en</u> 0 si toutes les déterminations de f sur D_1 ont une croissance en $1/r^n$ pour n convenable

$$f \leq A|z|^{-n} .$$

On permet ici à n de varier avec la détermination. Il est évident, toutefois, que pour f à croissance modérée et de détermination finie, il existe n qui convienne pour toutes les déterminations. Que f ait une croissance modérée signifie encore que la fonction $f(e^{2\pi iz})$ ait une croissance au plus exponentielle dans chaque bande verticale.

Si f est une section multiforme d'un fibré vectoriel V sur D^* méromorphe en zéro, on dit que f a une <u>croissance modérée</u> en 0 si ses coordonnées, dans une quelconque base de V près de 0 , ont une croissance modérée.

<u>Théorème</u> 1.19. <u>Soit</u> V <u>un fibré vectoriel méromorphe en</u> 0 <u>sur</u> D^* , <u>muni d'une connexion</u> ∇ . <u>Les conditions suivantes sont équivalentes</u>

(i) <u>est régulière</u>

(ii) <u>les sections (multiformes) horizontales de</u> V <u>ont une croissance modérée en</u> 0

(i) $\Longrightarrow$ (ii) . Choisissons, près de 0 , un isomorphe $V \sim \mathcal{O}^n$ via lequel l'équation différentielle des sections horizontales s'écrive

$$\partial_z v = \Gamma v \quad ,$$

Γ ne présentant en 0 qu'un pôle simple au plus. On a alors pour $|z| \leq \lambda < 1$

$$|\partial_z v| \leq \frac{k}{|z|} \, |v|$$

et, sur D_1 (1.18), cette inégalité s'intègre pour $|z| \leq \lambda$ en

$$|v| \leq \frac{1}{|z|^k} \cdot \sup_{|z|=\lambda} |v|$$

(ii) $\Longrightarrow$ (i) Soit T la transformation de monodromie de V et soit $U \in GL_n(\mathbb{C})$ une matrice telle que $\exp(2\pi i\, U)$ soit conjugué à T . Soit V_o le fibré vectoriel $\mathcal{O}^n$, muni de la connexion régulière de matrice

$$\Gamma = \frac{U}{z} \quad .$$

Les fibrés V et V_o ont même monodromie. D'après les dictionnaires I1 et I2, ils sont donc isomorphes en tant que fibrés à connexion sur D^* . Soit

$$\varphi : V_o|D^* \longrightarrow V|D^*$$

un isomorphisme. Il suffit de prouver que φ est compatible aux structures de fibrés méromorphes en zéro de V_o et V ; ceci a lieu si et seulement si φ a une croissance modérée en 0 . Soit e une base horizontale (multiforme) de $V_o|D^*$, f une base horizontale (multiforme) de $V|D^*$.

$$\text{(i)} \qquad \begin{array}{ccc} V_o & \longrightarrow & V \\ {\scriptstyle e}\uparrow & & \uparrow{\scriptstyle f} \\ \mathcal{O}^n & \longrightarrow & \mathcal{O}^n \end{array}$$

Le morphisme f a par hypothèse une croissance modérée. Le morphisme e^{-1} a pour coordonnées des sections horizontales du fibré régulier $V_o^\vee$, et a donc une croissance modérée. Le morphisme ψ rendant commutatif le diagramme (i) est horizontal, pour la connexion usuelle de $\mathcal{O}^n$, donc est constant. Le composé $\varphi = f\psi\, e^{-1}$ a donc une croissance modérée.

<u>Corollaire</u> 1.20. <u>Soient</u> V_1 <u>et</u> V_2 <u>deux fibrés vectoriels méromorphes en</u> 0 <u>sur</u> D^* <u>munis de connexions régulières</u> ∇_1 <u>et</u> ∇_2 . <u>Alors, tout homomorphisme horizontal</u> $\varphi : V_1 \longrightarrow V_2$ <u>est méromorphe en zéro</u>. <u>En particulier</u>, V_1 <u>et</u> V_2 <u>sont isomorphes si et seulement si ils ont même monodromie</u>.

En effet, φ , vu comme section de $\underline{Hom}(V_1,V_2)$ est horizontal, donc a une croissance modérée puisque la connexion de $\underline{Hom}(V_1,V_2)$ est régulière.

1.21. Soient X une courbe algébrique lisse sur un corps k de car. 0 et V un fibré vectoriel sur X muni d'une connexion

$$\nabla : V \longrightarrow \Omega^1_{X/k}(V)$$

Soient $\bar{X}$ la courbe projective et lisse complétée de X et $x_\infty \in \bar{X} - X$ un "point à l'infini" de X . L'anneau local $\mathcal{O}_{x_\infty}$, muni de

$$d : \mathcal{O}_{x_\infty} \longrightarrow \Omega^1_{x_\infty}$$

vérifie (1.4.1), et V induit sur le corps des fractions K de $\mathcal{O}_{x_\infty}$ (égal au corps des fonctions de X pour X connexe) un vectoriel V_K muni d'une connexion au sens 1.2 . On dira que la connexion de V est <u>régulière</u> en x_∞ si cette connexion induite sur V_K est <u>régulière</u> au sens 1.10.

Si $\bar{X}_1$ est une quelconque courbe contenant X comme ouvert dense, et si $S \subset \bar{X}_1 - X$, on dit que la connexion ∇ est régulière en S si elle est régulière en tous les points de l'image réciproque de S dans $\bar{X}$ (ceci a un sens, la normalisée de $\bar{X}_1$ s'identifiant à un ouvert de $\bar{X}$.)

On dit enfin que la connexion ∇ est <u>régulière</u> si elle est régulière en tous les points à l'infini de X .

1.22. Si $k = \mathbb{C}$, tout fibré vectoriel V sur X peut se prolonger en un fibré vectoriel sur la courbe complétée $\bar{X}$, si V_1 et V_2 sont deux prolongements de V , et si t est une uniformisante en un point $x_\infty \in \bar{X} - X$, alors il existe N tel que dans un voisinage de x_∞ , les sous-faisceaux V_1 et V_2 de l'image directe de V vérifient

$$t^N V_1 \subset V_2 \subset t^{-N} V_1 \quad .$$

Le fibré V^{an} est donc canoniquement muni d'une structure méromorphe en tout $x_\infty \in \bar{X} - X$.

Si V est muni d'une connexion, on vérifie aussitôt sur 1.12 que (V,∇) est régulier en $x_\infty \in \bar{X} - X$ au sens 1.21 si et seulement si (V^{an},∇) est régulier en x_∞ au sens 1.14.

Théorème 1.23. Soit un diagramme commutatif

$$\begin{array}{ccc} X & \xrightarrow{\ j\ } & \bar{X} \\ & {\scriptstyle f}\searrow \quad \swarrow{\scriptstyle \bar{f}} & \\ & S & \end{array}$$

dans lequel

a) S est un schéma noethérien de caractéristique 0 , et j une immersion ouverte de S-schémas de type fini.

b) f est lisse purement de dimension relative un .

c) $T = \bar{X} - X$ est quasi-fini sur S .

Soit V un fibré vectoriel sur X muni d'une connexion relative $\nabla : V \longrightarrow \Omega^1_{X/S}(V)$. Alors, l'ensemble des points $s \in S$ tels que la restriction de (V,∇) à la fibre X_s de X en s soit régulier en T_s est fermé dans S .

Il est clair sur 1.12 que le dit ensemble est constructible (ainsi que son complément, il a la propriété de contenir, avec tout point η , un voisinage de η dans l'adhérence $\bar{\eta}$) . Reste à montrer qu'il est stable par spécialisation, ce qui se vérifie en prouvant que si S est le spectre d'un anneau de valuation discrète, de point générique η et de point fermé s , et que (V_η,∇) sur X_η est régulier en T_η , alors (V_s,∇) sur X_s est régulier en T_s . Quitte à remplacer $\bar{X}$ par son normalisé, on peut supposer $\bar{X}$ plat sur S et normal.

Soit $x \in T_s$. Soit $\bar{X}'$ un voisinage affine de x dans $\bar{X}$ tel que la restriction de V à $\bar{X}' \cap X_s$ soit libre, de base e_i et tel qu'il existe un ouvert affine X'' de X tel que $X''_s = \bar{X}' \cap X_s$ (pour qu'il existe un tel X'', il suffit de prendre $\bar{X}$ assez petit pour que $\bar{X}_s - X_s$ soit défini par une équation, par exemple). Relevons e_i en une section $\widetilde{e}_i$ de V sur X'', et soit X' l'ouvert de X'' sur lequel $(\widetilde{e}_i)$ est une base.

Les hypothèses de (1.23) sont encore vérifiées pour $X' \hookrightarrow \bar{X}'$, et $V|X'_\eta$ est régulier en $\bar{X}' - X'$. Pour vérifier que $V|X'_s = V|X_s$ est régulier en x, on se ramène donc au cas où V est libre ; on peut donc supposer V prolongé en un fibré vectoriel sur $\bar{X}$, de base (e).

Soit f une section de $\mathcal{O}_{\bar{X}}$, non constante sur X_s et nulle sur $\bar{X} - X$. Soit τ le champ de vecteur relatif tel que $< \tau, df/f > = 1$.

Par construction, le champ de vecteur τ induit sur le normalisé $\bar{X}^n_s$ de $\bar{X}_s$ un champ de vecteurs qui s'annulle simplement sur $\bar{X}_s - X_s$. Pour vérifier que $V|X_s$ est régulier en x, il suffit donc de vérifier qu'il existe n tel que les

$$f^n \nabla^i_\tau e_k | \bar{X}_s \qquad (i \geq 0)$$

soient tous réguliers. Par hypothèse, il existe n tel que les

$$f^n \nabla^i_\tau e_k | \bar{X}_\eta$$

soient réguliers. Les $f^n \nabla^i_\tau e_k$ sont donc réguliers sur $\bar{X}_\eta \cup X_s$, dont le complément est de codimension deux ; puisque $\bar{X}$ est normal, les $f^n \nabla^i_\tau e_k$ sont automatiquement partout réguliers, notamment sur $\bar{X}_s$.

On vérifie de même la variante analytique suivante de 1.23.

<u>Proposition</u> 1.24. <u>Soit un diagramme commutatif</u>

$$\begin{array}{ccc} X & \xrightarrow{j} & \bar{X} \\ & f \searrow \quad \swarrow \bar{f} & \\ & D & \end{array}$$

<u>dans lequel</u>

(i) D *est le disque unité*.

(ii) f *est lisse purement de dimension relative un*.

(iii) j *est une immersion ouverte et* $T = \bar{X} - X$ *est un sous-espace analytique quasi-fini sur* D .

Soit V *un fibré vectoriel sur* X , *prolongé en un faisceau analytique cohérent sur* $\bar{X}$, *et muni d'une connexion relative sur* X . *Pour tout* λ , *la restriction de* V *à* $f^{-1}(\lambda)$ *est munie d'une structure méromorphe* (1.14) *en les points de l'image réciproque de* T *dans la surface de Riemann normalisée de* $\bar{f}^{-1}(\lambda)$. *Si, pour* $\lambda \neq 0$, $V|f^{-1}(\lambda)$ *est régulier en ces points, alors* $V|f^{-1}(0)$ *a la propriété analogue*.

2. Conditions de croissance.

2.1. Soit X^* un schéma séparé de type fini sur $\mathbb{C}$. D'après Nagata [20] (voir aussi EGA II 2e éd), X^* peut se représenter comme ouvert de Zariski dense d'un schéma X propre sur $\mathbb{C}$ (ici, propre = complet = compact). De plus, si X_1 et X_2 sont deux telles "compactifications" de X^* , il existe une troisième compactification X_3 et deux diagrammes commutatifs

$$\begin{array}{ccc} X^* & \hookrightarrow & X_3 \\ \| & & \downarrow \\ X^* & \hookrightarrow & X_1 \end{array} .$$

On peut prendre X_3 l'adhérence schématique de l'image diagonale de X dans $X_1 \times X_2$.

Ceci rend les schémas sur $\mathbb{C}$ bien plus sages à l'infini que ne le sont les variétés analytiques. Souvent, un objet ou une construction algébrique relative au schéma X^* peut être vu comme un objet ou une construction analytique analogue, plus une "condition de croissance à l'infini".

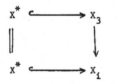

2.2. Soient X un espace analytique complexe séparé, Y une partie analytique fermée de X, $X^* = X - Y$ et $j : X^* \hookrightarrow X$ le morphisme d'inclusion de X^* dans X. Dans les considérations qui suivent, X est vu comme une "compactification partielle" de X^*, Y étant "à l'infini". On ne restreindrait pas essentiellement la généralité en supposant X^* dense dans X.

2.3. Supposons que X^* soit lisse et que X admette un plongement dans un espace $\mathbb{C}^n$ (ou, plus généralement, dans un espace analytique lisse). Si j_1 et j_2 sont deux plongements de X dans $\mathbb{C}^{n_i}$, les structures riemanniennes induites sur X^* par celle de $\mathbb{C}^{n_i}$, soient $j_1^* g$ et $j_2^* g$ vérifient

(*) Pour tout compact K de X, il existe des constantes $A, B > 0$ telles que

$$j_1^* g \leq A\, g_2^* g \leq B\, g_2^* g \leq B\, j_1^* g \qquad \text{sur } K \cap X^* .$$

Pour le voir, on compare $j_i^* g$ à $j_3^* g$, pour j_3 plongement diagonal de X dans $\mathbb{C}^{n_1+n_2}$. Localement sur X, on a $j_3 = \alpha . j_i$ où $\alpha : \mathbb{C}^{n_i} \longrightarrow \mathbb{C}^{n_1+n_2}$ est une section holomorphe de pr_i, et l'assertion en résulte.

La compactification X de X^* définit donc une classe d'équivalence pour (*) de structures riemanniennes sur X^*.

Supposons seulement X^* lisse. Une <u>structure riemannienne</u> g sur X^* sera dite <u>adaptée à</u> X si pour tout ouvert U de X qui admet un plongement dans $\mathbb{C}^n$, la restriction $g | U \cap X^*$ est dans la classe décrite plus haut, relativement à $U \cap X^* \hookrightarrow U$. Cette condition est locale sur X. L'usage d'une partition de l'unité montre qu'il existe des structures riemanniennes sur X^* adaptées à X ; celles-ci forment une classe d'équivalence pour (*) .

2.4. Plaçons-nous sous les hypothèses de 2.2 . On dispose de plusieurs façons de définir la distance d'un point de X^* à l'infini Y .

2.4.1. Supposons que Y soit défini dans X par une famille finie d'équations $f_i = 0$. On pose

$$d_1(x) = \Sigma f_i(x) \overline{f_i(x)} .$$

Si les fonctions $d_1'(n)$ et $d_1''(n)$ sont obtenues par ce procédé , on a

(*M) Pour tout compact K de X , il existe des constantes $A_1, A_2 > 0$, $\rho_1, \rho_2 > 0$ telles que

$$d_1'(x) \leq A_1 \, d_1''(x)^{\rho_1} \qquad d_1''(x) \leq A_2 \, d_1'(x)^{\rho_2} \qquad (x \in X^*) .$$

Soient en effet $(f_i' = 0)$ et $(f_i' = 0)$ deux systèmes d'équations pour Y . Il suffit de vérifier (*M) localement sur X . Localement, d'après le Nullstellensatz analytique on sait que, pour N grand les $f_i'^{\,N}$ (resp les $f_i''^{N}$) sont combinaisons linéaires des f_i'' (resp des f_i'), et (*M) en résulte formellement.

2.4.2. Supposons que X admette un plongement $j : X \hookrightarrow \mathbb{C}^n$. Soit U un ouvert relativement compact de X . Dans U , on posera

$$d_2(x) = d(j(x), j(Y \cap U)) ,$$

d étant la distance euclidienne dans $\mathbb{C}^n$.

On vérifie comme en 2.3 que si d_2' et d_2'' sont obtenues par cette méthode, relativement à deux plongements différents, on a

(*R) Pour tout compact K de U , il existe des constantes $A, B > 0$ telles que

$$d_2'(x) \leq A \, d_2''(x) \leq B \, d_2'(x) \quad \text{sur} \quad K \cap X^* .$$

De plus, il résulte aussitôt des inégalités de Lojasiewicz ([18] Th 1 p. 85) que les "distances à l'infini" (2.4.1) et (2.4.2) sont équivalentes au sens (*M).

<u>Définition</u> 2.5. <u>Sous les hypothèses</u> 2.2, <u>une</u> norme $\|x\|$ <u>sur</u> X^* , adaptée <u>à</u> X , <u>est une fonction de</u> X^* <u>dans</u> $\mathbb{R}^+$ <u>telle que</u>, <u>pour tout ouvert</u> U <u>de</u> X <u>dans lequel</u> Y <u>soit défini par une famille finie d'équations</u> $f_i = 0$, <u>et tout compact</u> K <u>de</u> U , <u>il existe des constantes</u> $A_1, A_2 > 0$, $\rho_1 \, \rho_2 > 0$ <u>telles que sur</u> $K \cap X^*$, <u>on ait</u>

$$(1 + \|x\|)^{-1} \leq A_1 (\Sigma f_i(x) \overline{f_i(x)})^{\rho_1} \quad \underline{\text{et}}$$
$$\Sigma f_i(x) \overline{f_i(x)} \leq A_2 \, (1 + \|x\|)^{-\rho_2}$$

Les conditions 2.5 sont locales sur X . On vérifie à l'aide d'une partition de l'unité qu'il existe toujours des normes sur X^* adaptées à X . Celles-ci forment une classe d'équivalence pour la relation d'équivalence

($*'$M) Pour tout compact K de X , il existe des constantes $A_1, A_2 > 0$, $\rho_1, \rho_2 > 0$ telles que

$$(1 + \|x\|_i) \leq A_i(1 + \|x\|_j)^{\rho_i} \quad \text{sur} \quad K \cap X^* \quad (i = 1,2) .$$

<u>Définition</u> 2.6. <u>Une fonction</u> f <u>sur</u> X^* <u>est dite avoir</u> une croissance modérée le long de Y <u>s'il existe une norme</u> $\|x\|$ <u>sur</u> X^* , <u>adaptée à</u> X , <u>telle que</u>

$$|f(x)| \leq \|x\| \quad \text{sur} \quad X^* .$$

Cette condition est locale sur X .

2.7. Des renseignements plus précis sur la structure à l'infini de X^* sont nécessaires pour définir de façon raisonnable ce qu'est une fonction multiforme sur X^* , ayant une croissance modérée à l'infini.

L'exemple fondamental est celui de la fonction logarithme. Désignons par $\widetilde{D}^*$ le revêtement universel du disque épointé. En un quelconque point de D^* , l'ensemble des déterminations de $\log : \widetilde{D}^* \longrightarrow \mathbb{C}$ n'est pas borné. On ne dispose d'une majoration

$$|\log(z)| \leq A.(1/|z|)^{\varepsilon}$$

que dans une partie de $\widetilde{D}^*$ où l'argument arg(z) de z est borné.

Les résultats délicats de Lojasiewicz utilisés ci-dessous ne seront indispensables pour la suite que dans des cas triviaux - cf 2.20.

2.8. Dans [17] , Lojasiewicz prouve des résultats plus précis que 2.8.2 ci-dessous.

2.8.1. Soit X un espace analytique séparé. Dans ce qui suit, on entendra "triangulation semi-analytique de X " au sens faible suivant : une triangulation semi-analytique de X est un ensemble $\mathfrak{T}$ de parties semi-analytiques fermées de X (les simplexes de la triangulation) tel que

(a) $\mathfrak{T}$ est localement fini et stable par intersection.

(b) Pour chaque $\sigma \in \mathfrak{T}$, il existe un homéomorphisme γ entre σ et un simplexe type Δ_n , vérifiant

b 1) Le graphe $\Gamma \subset \mathbb{R}^n \times X$ de γ est semi-analytique, et même semi-algébrique en la $1^{\underline{ere}}$ variable.

b 2) γ transforme l'ensemble des facettes de Δ_n en l'ensemble des $\tau \in \mathfrak{T}$ contenus dans σ .

2.8.2. Soient X un espace analytique séparé et $\mathfrak{F}$ un ensemble localement fini de parties semi-analytiques de X . Localement sur X , il existe une triangulation semi-analytique $\mathfrak{T}$ de X telle que tout $F \in \mathfrak{F}$ soit la réunion des simplexes de la triangulation qu'il contient.

<u>Définition</u> 2.9. <u>Sous les hypothèses</u> 2.2 , <u>une partie</u> P <u>d'un revêtement</u> $\pi : \widetilde{X}^* \longrightarrow X$ <u>de</u> X^* <u>est dite</u> verticale <u>le long de</u> Y <u>s'il existe une famille finie de parties semi-analytiques compactes</u> P_i <u>de</u> X , <u>telles que les</u> $P_i - Y$ <u>soient simplement connexes</u>, <u>et des relèvements</u> $\widetilde{P}_i$ <u>de</u> $P_i - Y$ <u>sur</u> $\widetilde{X}^*$ <u>tels que</u>

$$P \subset \bigcup_i \widetilde{P}_i .$$

2.9.1. Si $\mathfrak{T}$ est une triangulation semi-analytique de X qui induise une triangulation semi-analytique de Y , alors une partie P de $\widetilde{X}^*$ est verticale si et seulement si elle est contenue dans la réunion d'un nombre fini de relèvements de simplexes ouverts de $\mathfrak{T}$.

2.9.2. Si X est réunion finie d'ouverts U_i , pour qu'une partie P de $\widetilde{X}^*$ soit verticale, il faut et il suffit que P soit réunion de parties $P_i \subset \pi^{-1}(U_i)$, verticales le long de $Y \cap U_i$.

2.9.3. Si U est un ouvert de X et P une partie verticale de $\widetilde{X}^*$, alors, pour tout compact K de U , $P \cap \pi^{-1}(K)$ est vertical dans $\pi^{-1}(U)$ le long de $U \cap Y$.

<u>Définition</u> 2.10. <u>Sous les hypothèses</u> 2.2, <u>soient</u> $\pi : \widetilde{X}^* \longrightarrow X^*$ <u>et</u> f <u>une fonction sur</u> $\widetilde{X}^*$. <u>On dit que</u> f <u>a</u> une croissance modérée le long de Y <u>si pour toute norme</u>

$\|x\|$ <u>sur</u> X^*, <u>adaptée à</u> X, <u>et toute partie verticale</u> P <u>de</u> $\widetilde{X}^*$, <u>il existe</u> $A > 0$, $N > 0$ <u>tels que</u>

$$|f(x)| \leq A(1+\|x\|)^N \quad \text{sur } P .$$

Cette condition est de nature locale sur X .

<u>Exemple</u> 2.11. Soient X le disque, X^* le disque épointé et $\widetilde{X}^*$ le revêtement universel de X^*. Les fonctions multiformes sur X^* (fonctions sur $\widetilde{X}^*$) $z \longmapsto z^\rho$ ($\rho \in \mathbb{C}$) et $z \longmapsto \log z$, ont une croissance modérée à l'origine.

<u>Lemme</u> 2.12. <u>Sous les hypothèses</u> 2.2, <u>soient</u> V <u>un faisceau analytique cohérent sur</u> X^* <u>et</u> V_1, V_2 <u>deux prolongements de</u> V <u>en un faisceau analytique cohérent sur</u> X . <u>Les conditions suivantes sont équivalentes</u>

(i) <u>Il existe un prolongement</u> V' <u>de</u> V <u>sur</u> X <u>et des homomorphismes de</u> V' <u>dans</u> V_1 <u>et</u> V_2 .

(ii) <u>Il existe un prolongement</u> V" <u>de</u> V <u>sur</u> X <u>et des homomorphismes de</u> V_1 <u>et</u> V_2 <u>dans</u> V".

(iii) <u>Les conditions précédentes sont vérifiées localement sur</u> Y .

Pour prouver que (i) $\Longleftrightarrow$ (ii) , on prend

$$V'' = V_1 \oplus V_2/V' \qquad \text{et} \qquad V' = V_1 \cap V_2 \quad \text{dans } V'' .$$

Si (i) est localement vrai, une solution globale est fournie par la somme des images de V_1 et V_2 dans $j_* V$, pour j inclusion de X_* dans X .

2.13. On dit que deux prolongements V_1 et V_2 de V sont <u>méromorphiquement équivalents</u> si les conditions de 2.2 sont vérifiées ; on appelle <u>faisceau analytique cohérent sur</u> X^*, <u>méromorphe le long de</u> Y un faisceau analytique cohérent sur X^*, muni <u>localement sur</u> Y d'une classe d'équivalence de prolongements de V en un faisceau analytique cohérent sur X . S'il existe un prolongement de V sur X qui localement sur Y soit méromorphiquement équivalent aux prolongements donnés, ce prolongement est unique à équivalence méromorphe près ; on dira alors que V est <u>effectivement méromorphe</u>

<u>le long de</u> Y . J'ignore s'il peut exister des faisceaux analytiques cohérents sur X^* méromorphes le long de Y qui ne soient pas effectivement méromorphes le long de Y .

Une <u>section</u> $v \in H^o(X^*,V)$ d'un faisceau analytique cohérent sur X^* et méromorphe le long de Y , est dite <u>méromorphe le long de</u> Y si, localement sur X , elle est définie par une section d'un prolongement permis de V . La connaissance du faisceau sur X $j_*^{\text{méro}} V$ des sections de V méromorphes le long de Y équivaut à celle de la structure méromorphe le long de Y de V .

2.14. Supposons X^* réduit, et soit V un fibré vectoriel sur X^* , méromorphe le long de Y . On se propose de définir une classe d'équivalence de "normes" sur V . Les "normes" considérées seront des familles continues de normes sur les V_x $(x \in X^*)$ Si v est une section continue de V , $|v|$ sera donc une fonction positive sur X^*, nulle exactement en les points où $v = 0$. Deux normes $|v|_1$ et $|v|_2$ seront dites équivalentes si on a

(2.14.1) Quels que soient la norme $\|x\|$ sur X^* et le compact K de X , il existe $A_1, A_2, N_1, N_2 > 0$ tels que

$$|v|_1 \leq A_1 \, (1+\|x\|)^{N_1} \, |v|_2 \qquad \text{sur } K \cap X^*$$

$$|v|_2 \leq A_2 \, (1+\|x\|)^{N_2} \, |v|_1 \qquad \text{sur } K \cap X^*$$

2.15.1. Si $V = \mathcal{O}^n$, on pose $|v| = \Sigma |v_i|$.

2.15.2. Soient $x \in Y$ et V_1 un prolongement permis de V au voisinage de x . Il existe alors un voisinage ouvert U de x et $\omega : V_1 \longrightarrow \mathcal{O}^n$ qui soit un monomorphisme sur $U \cap X^*$. On posera dans $U \cap X^*$

$$|v|_\omega = |\omega(v)| \, .$$

2.15.3. Pour x et V_1 comme en 2.15.1, il existe un voisinage U de x et un épimorphisme $\eta : \mathcal{O}^n \longrightarrow V_1$ sur U . On posera (dans $U \cap X^*$)

$$|v|_\eta = \inf_{\eta(w)=v} |w|$$

2.15.4. Comparons 2.15.2 et 2.15.3 . Soient donc U et des homomorphismes méromorphes, définis sur U - Y

$$\mathcal{O}^n \xrightarrow{\eta} V \xrightarrow{\omega} \mathcal{O}^m$$

avec η un épimorphisme et ω un monomorphisme. L'homomorphisme méromorphe $\omega\eta$ est de noyau et d'image localement facteur direct. Ceci est encore vrai dans le schéma $\mathrm{Spec}(\mathcal{O}_{x,X}) - Y_x$. On en déduit facilement que, pour toute fonction holomorphe f dans U qui s'annule sur Y , il existe $N > 0$, un voisinage ouvert $U_1 \subset U$ de x et $\alpha : \mathcal{O}^m \longrightarrow \mathcal{O}^n$ tel que

$$\eta\alpha\omega = f^N .$$

Soit K un compact de U_1 . Il est clair qu'il existe $M > 0$ tel que sur K

$$|\omega\eta(v)| \leq C^{te}(1+\|x\|)^M|v|$$

$$|\alpha(v)| \leq C^{te}(1+\|x\|)^M|v|$$

et donc

(1) $$|v|_\omega \leq C^{te}(1+\|x\|)^M |v|_\eta \qquad \text{(sur K)}$$

(2) $$|v|_\eta \leq C^{te}(1+\|x\|)^M |f^N| \; |v|_\omega \qquad \text{(sur K).}$$

Appliquons (2) à une famille finie de fonctions f_i qui engendre un idéal de définition de Y .

D'après 2.4, 2.5 , il existe M' tel que

(3) $$\Sigma|f_i^N| \leq C^{te}(1+\|x\|)^{M'} \qquad \text{(sur K)}$$

et il en résulte que dans un voisinage assez petit de x , $|v|_\omega$ et $|v|_\eta$ sont équivalents au sens 2.14.1. L'équivalence (2.14.1) est de nature locale sur X . On vérifie dès lors à l'aide d'une partition de l'unité la proposition suivante

<u>Proposition</u> 2.16. <u>Sous les hypothèses de</u> 2.14, <u>il existe une et une seule classe d'équivalence</u> (2.14.1) <u>de normes sur</u> V <u>qui soient localement équivalentes</u> (<u>au sens</u> (2.14.1)) <u>aux normes</u> 2.15.2 <u>et</u> 2.15.3 .

On appellera <u>modérées</u> les normes dont l'existence est garantie en 2.16 .

Définition 2.17. *Sous les hypothèses de* 2.14, *soient* $|v|$ *une norme modérée sur* V, $\pi : \tilde{X}^* \longrightarrow X^*$ *un revêtement de* X^* *et* v *une section continue de* $\pi^* V$. *On dit que* v *a une croissance modérée le long de* Y *si* $|v|$ *a une croissance modérée le long de* Y (2.10) .

Dans le cas particulier où π est l'identité, on peut se rapporter plutôt à la définition 2.6 . Tel est le cas dans la proposition bien connue suivante, qui montre que la connaissance des normes modérées de V équivaut à celle de la structure méromorphe le long de Y de V .

Proposition 2.18. *Sous les hypothèses de* 2.14, *pour qu'une section holomorphe* v *de* V *sur* X^* *soit méromorphe le long de* Y , *il faut et il suffit que sa croissance soit modérée le long de* Y .

L'assertion est locale sur X , et on se ramène par 2.16, 2.15.2 au cas classique où $V = \mathcal{O}$..

Proposition 2.19. *Soit un diagramme commutatif d'espaces analytiques séparés*

$$\begin{array}{ccccc} X_1^* & \hookrightarrow & X_1 & \hookleftarrow & Y_1 \\ \downarrow & & \downarrow f & & \downarrow \\ X_2^* & \hookrightarrow & X_2 & \longleftarrow & Y_2 \end{array}$$

avec Y_1 *fermé dans* X_1 , $X_1^* = X_1 - Y_1$ *et donc* $Y_1 = f^{-1}(Y_2)$

Considérons les hypothèses

(a) *Il existe une partie* K *de* X_1 , *propre sur* X_2 , *telle que* $f(K_1) \supset \overline{X_2^*}$

(b) f *est propre et induit un isomorphisme* $X_1^* \xrightarrow{\sim} X_2^*$.

Il est clair que (b) $\Longrightarrow$ (a) . *On a*

(i_a) *Si* $\|x\|$ *est une norme sur* X_2^* *relativement à* X_2 , *alors* $\|f(x)\|$ *est une norme sur* X_1^* *relativement à* X_1 .

(i_b) Réciproquement, si (a) est vérifié, et si $\|x\|$ est une fonction sur X_2^* telle que $\|f(x)\|$ soit une norme sur X_1^* alors $\|x\|$ est une norme sur X_2^*.

(i_c) En particulier, si (b) est vérifié, les normes sur $X_1^* = X_2^*$ relativement à X_1 ou X_2 coïncident.

Soit $\pi_2 : \tilde{X}_2^* \longrightarrow X_2^*$ un revêtement, et $\pi_1 : \tilde{X}_1^* \longrightarrow X_1^*$ son image réciproque sur X_1^*.

(ii_a) Si P est une partie de $\tilde{X}_1^*$ verticale le long de Y_1, alors $f(P)$ est verticale le long de Y_2.

(ii_b) Réciproquement, si (a) est vérifié, toute partie verticale de $\tilde{X}_2^*$ est image d'une partie verticale de $\tilde{X}_1^*$.

(ii_c) En particulier, si (b) est vérifié, les parties de $\tilde{X}_1^* = \tilde{X}_2^*$ verticales le long de Y_1 ou Y_2 coïncident.

Soit V_2 un fibré vectoriel sur X_2^*, méromorphe le long de Y_2, et soit V_1 son image réciproque. Les images réciproques des prolongements permis de V_2 définissent sur V_1 une structure méromorphe le long de Y_1, et on a

(iii_a) L'image réciproque d'une norme modérée sur V_2 est une norme modérée sur V_1

(iii_b) Réciproquement, si (a) est vérifié, une norme sur V_2 est modérée dès que son image réciproque l'est

(iii_c) En particulier, sous l'hypothèse (b), les normes modérées sur $V_1 = V_2$ relativement à X_1 ou X_2 coïncident.

Preuve. On a trivialement (i_a) + (i_b) $\Longrightarrow$ (i_c), (ii_a) + (ii_b) $\Longrightarrow$ (ii_c), (iii_a) + (iii_b) $\Longrightarrow$ (iii_c) et presque trivialement (i_a) $\Longrightarrow$ (i_b) et (i_a) + (iii_a) $\Longrightarrow$ (iii_b).

Si Y_2 est défini par des équations $f_i = 0$, alors Y_1 est défini par l'image réciproque des f_i et (i_a) résulte de la définition 2.5 (jointe à 2.4.1).

D'après 2.15.2, 2.16, on se ramène à vérifier (iii_a) dans le cas trivial où $V = \mathcal{O}$.

Enfin, si $\mathfrak{T}_2$ est une triangulation semi-analytique du couple (X_2,Y_2), alors les $f^{-1}(\sigma)$ $(\sigma \in \mathfrak{T})$ forment un ensemble localement fini de parties semi-analytiques de X_1, et d'après 2.8.2, il existe localement sur X_1 une triangulation semi-analytique $\mathfrak{T}_1$ du couple $(X_1\ Y_1)$ telle que

$$\forall \sigma \in \mathfrak{T}_1 \quad \exists \mathfrak{T} \in \mathfrak{T}_2 \quad f(\sigma) \subset \mathfrak{T} \quad .$$

Les assertions (ii_a) (ii_b) en résultent aussitôt.

2.20. Remarques. (i) Prenons $X = D^{n+m}$ et $X^* = (D^*)^n \times D^m$; Y est donc un diviseur à croisements normaux dans X. Sur le revêtement universel $\widetilde{X}^*$ de X^*, les fonctions $\arg(z_i)$ $(1 \leq i \leq n)$ sont définies. Il est clair qu'une partie P de $\widetilde{X}^*$ est verticale le long de Y si et seulement si son image dans X est relativement compacte et que les fonctions $\arg(z_i)$ $(1 \leq i \leq n)$ sont bornées sur P.

(ii) La résolution des singularités à la Hironaka et 2.19 (ii_c) permet, dans le cas général, d'expliciter la notion de partie verticale à partir du cas particulier (i).

2.21. La proposition 2.19 permet de suivre le programme 2.1. Soient donc X^* un schéma séparé de type fini sur $\mathbb{C}$, et X un schéma propre sur $\mathbb{C}$ contenant X^* comme ouvert de Zariski. Si $\mathfrak{F}$ est un faisceau algébrique cohérent sur X^*, on sait (EGA I 9.4.7) que $\mathfrak{F}$ peut se prolonger en un faisceau algébrique cohérent $\mathfrak{F}_1$ sur X. Les divers faisceaux $\mathfrak{F}_1^{an}$ définissent sur $\mathfrak{F}^{an}$ la même structure (effectivement) méromorphe le long de $Y = X - X^*$.

On déduit de plus aussitôt de GAGA [24] que

Proposition 2.22. Sous les hypothèses 2.21, le foncteur $\mathfrak{F} \longrightarrow \mathfrak{F}^{an}$ induit une équivalence de catégorie entre la catégorie des faisceaux algébriques cohérents sur X^* et celle des faisceaux analytiques cohérents sur X^{*an}, effectivement méromorphe le long de Y.

Définition 2.23. Soient X^* un schéma séparé de type fini sur $\mathbb{C}$ et X comme en 2.21. Soient de plus $\pi : \widetilde{X}^* \longrightarrow (X^*)^{an}$ un revêtement de $(X^*)^{an}$ et V un fibré

<u>vectoriel algébrique sur</u> X^* .

(i) <u>Une</u> norme <u>sur</u> X^* <u>est une norme sur</u> X^{*an} <u>relativement à</u> X^{an} (2.5).

(ii) <u>Une</u> partie verticale de $\tilde{X}^*$ <u>est une partie de</u> $\tilde{X}^*$ <u>verticale le long de</u> $Y = X - X^*$ (2.9)

(iii) <u>Une</u> norme modérée <u>sur</u> V <u>est une norme modérée sur</u> V^{an} , <u>relativement à la structure méromorphe à l'infini de</u> V^{an} (2.16).

(iv) <u>Une section continue</u> v <u>de</u> $\pi^* V$ <u>est dite avoir une</u> croissance modérée <u>si sa croissance est modérée le long de</u> Y (2.17).

D'après 2.19, ces notions ne dépendent pas du choix de la compactification X de X^* .

On déduit d'autre part aussitôt de 2.18 et de GAGA(2.22).

<u>Proposition</u> 2.24. <u>Soient</u> X <u>un schéma séparé, réduit de type fini sur</u> $\mathbb{C}$ <u>et</u> V <u>un fibré vectoriel algébrique sur</u> X . <u>Une section holomorphe</u> v <u>de</u> V^{an} <u>est algébrique si et seulement si sa croissance est modérée</u>.

<u>Problème</u> 2.25. Soit X = G/K un domaine hermitien symétrique (G groupe de Lie réel et K sous-groupe compact maximal) et Γ un sous-groupe arithmétique de G . Le quotient $\Gamma\backslash G/K$ est alors de façon naturelle une variété algébrique quasi-projective (Baily et Borel [2]). Une partie P de G/K est-elle verticale (2.23) si et seulement si elle est contenue dans la réunion d'un nombre fini de domaines de Siegel ?

3. Pôles logarithmiques.

Ce § rassemble quelques constructions "locales à l'infini" dont nous ferons usage.

Définition 3.1. Soit Y un diviseur à croisements normaux dans une variété analytique complexe X , et soit j l'inclusion de $X^* = X - Y$ dans X . On appelle complexe de De Rham logarithmique de X le long de Y le plus petit sous-complexe $\Omega_X^*\langle Y\rangle$ de $j_* \Omega_{X^*}^*$ contenant Ω_X^* , stable par produit extérieur et tel que df/f soit une section locale de $\Omega_X^1\langle Y\rangle$ chaque fois que f est une section locale de $j_* \mathcal{O}_X^*$, méromorphe le long de Y .

Une section de $j_* \Omega^p_{X^*}$ est dite présenter un pôle logarithmique le long de Y si c'est une section de $\Omega_X^p\langle Y\rangle$.

Proposition 3.2. Sous les hypothèses de 3.1,

(i) Pour qu'une section α de $j_* \Omega^p_{X^*}$ présente un pôle logarithmique le long de Y , il faut et il suffit que α et $d\alpha$ présentent au pis des pôles simples le long de Y

(ii) Le faisceau $\Omega_X^1\langle Y\rangle$ est localement libre, et

$$\Omega_X^p\langle Y\rangle = \overset{p}{\wedge}\, \Omega_X^1\langle Y\rangle \ .$$

(iii) Si le couple (X,Y) est un produit $(X,Y) = (X_1,Y_1) \times (X_2,Y_2)$ i.e. si

$$X = X_1 \times X_2 \quad \text{et si} \quad Y = X_1 \times Y_2 \cup X_2 \times Y_1$$

alors l'isomorphisme de $\Omega^*_{X^*}$ avec le produit tensoriel externe $\Omega^*_{X_1^*} \boxtimes \Omega^*_{X_2^*} =_{\mathrm{dfn}} pr_1^* \Omega^*_{X_1^*} \otimes pr_2^* \Omega^*_{X_2^*}$ induit un isomorphisme

$$\Omega^*_{X_1}\langle Y_1\rangle \boxtimes \Omega^*_{X_2}\langle Y_2\rangle \xrightarrow{\sim} \Omega^*_X\langle Y\rangle$$

(iv) Soient Y_i un diviseur à croisements normaux dans X_i $(i = 1,2)$ et $f : X_1 \to X_2$ un morphisme tel que $f^{-1}(Y_2) = Y_1$. Alors, le morphisme $f^* : f^*(j_{2*} \Omega^*_{X_2^*}) \to j_{1*} \Omega^1_{X_1^*}$ induit un morphisme "image réciproque"

$$f^*: f^* \Omega^*_{X_2}\langle Y_2\rangle \longrightarrow \Omega^1_{X_1}\langle Y_1\rangle \ .$$

Le point (iv) est trivial sur la définition. Soient D le disque unité ouvert et $D^* = D - \{0\}$. Pour prouver (i) à (iii), on peut supposer que X est le polydisque D^n et que $X^* = D^{*k} \times D^{n-k}$:

$$Y = \bigcup_{1\le i\le k} Y_i \quad \text{avec} \quad Y_i = pr_i^{-1}(0) .$$

Sous ces hypothèses, on a

<u>Lemme</u> 3.2.1. <u>Le faisceau</u> $\Omega_X^1 < Y >$ <u>est libre de base les</u> $(dz_i/z_i)_{1\le i\le k}$ <u>et les</u> $(dz_j)_{k<j\le n}$.

En effet, toute section méromorphe le long de Y de $j_* \mathcal{O}^*_{X^*}$ s'écrit localement $f = g . \prod_1^k z_i^{k_i}$ avec g inversible, et

$$df/f = dg/g + \sum_1^k k_i \, dz_i/z_i$$

est combinaison linéaire des vecteurs de base proposés, qui sont clairement indépendants.

De ce lemme on déduit aussitot (ii), (iii) et la nécessité dans (i).

Soit α une section de $j_* \Omega^p_{X^*}$ vérifiant la condition de (i). Pour prouver que α est une section de $\Omega^p_{X^*} < Y >$ il suffit, puisque ce faisceau est localement libre, de le prouver en dehors d'un ensemble de codimension complexe ≥ 2. Ceci permet de supposer vérifiées les hypothèses de 3.2.1, avec $k = 1$. La forme α s'écrit alors d'une et d'une seule façon sous la forme $\alpha = \alpha_1 + \alpha_2 \wedge dz_1/z_1$, les formes α_1 et α_2 étant telles que dz_1 n'y figure pas.

Les hypothèses signifient que

- α_2 est holomorphe
- $z_1\alpha_1$ est holomorphe
- $z_1 d\alpha = z_1 d\alpha_1 + d\alpha_2 \wedge dz_1$ est holomorphe.

Dès lors, $dz_1 \wedge \alpha_1 = d(z_1 \wedge \alpha_1) + z_1 \, d\alpha - d\alpha_2 \wedge dz_1$ est holomorphe, donc aussi α_1, ce qui prouve (i).

3.3. Variantes.

(3.3.1) Soit $f : X \longrightarrow S$ un morphisme lisse de schémas de caractéristique zéro, ou un morphisme lisse d'espaces analytiques, et soit Y un diviseur à croisements normaux relatifs dans X. La définition 3.1 garde un sens et définit un sous-complexe $\Omega^*_{X/S} < Y >$ de $j_* \Omega^*_{X^*/S}$ (j étant l'inclusion $j : X^* = X - Y \longrightarrow X$). La proposition 3.2 reste valable, mutatis mutandis. La formation du complexe $\Omega^*_{X/S} < Y >$ est compatible à tout changement de base, et à la localisation étale sur X.

(3.3.2) Soient $f : X \longrightarrow S$ un morphisme d'espaces analytiques lisses, 0 un point de S, et Y un diviseur à croisements normaux de X. Soient $S^* = S - \{0\}$, $X^* = X - Y$ et j l'inclusion de X^* dans X. On suppose que

(a) $\dim(S) = 1$

(b) $f|f^{-1}(S^*)$ est lisse, et $Y \cap f^{-1}(S^*)$ est un diviseur à croisements normaux relatifs de $f^{-1}(S^*)$

(c) $Y \supset f^{-1}(0)$.

On définit alors le complexe $\Omega^*_{X/S} < Y >$ comme l'image dans $j_* \Omega^*_{X^*}$ de $\Omega^*_X < Y >$.

Localement près de 0 et $f^{-1}(0)$, on peut trouver des systèmes de coordonnées $(z_i)_{0 \leq i \leq n}$ sur X et z sur S, tels que $z(0) = 0$, que

$$z \circ f = \prod_0^k z_i^{e_i} \qquad (k \leq n, e_i > 0)$$

et que Y admette l'équation $\prod_0^{\ell} z_i = 0$ $(k \leq \ell \leq n)$. Dans un tel système de coordonnées, le faisceau $\Omega^1_{X/S} < Y >$ est libre de base les $(\frac{dz_i}{z_i})_{1 \leq i \leq \ell}$ et les $(dz_j)_{\ell < j \leq n}$. Dans $\Omega^1_{X/S} < Y >$, on a en effet la relation

$$\frac{df}{f} = \sum_0^k e_i \frac{dz_i}{z_i} = 0 .$$

On en déduit que $\Omega^1_{X/S} < Y >$ est <u>localement libre</u>, que

(3.3.2.1) $$\overset{p}{\wedge}\, \Omega^1_{X/S} < Y > \xrightarrow{\sim} \Omega^p_{X/S} < Y >$$

et que la suite

(3.3.2.2) $0 \longrightarrow f^* \Omega^1_S<0> \xrightarrow{f^*} \Omega^1_X<Y> \longrightarrow \Omega^1_{X/S}<Y> \longrightarrow 0$

est exacte et <u>localement scindable</u>. Ceci jouera un rôle clef au § 7 , sous la forme suivante.

<u>Lemme</u> 3.3.2.3. <u>Tout champ de vecteur</u> v_o <u>sur</u> S , <u>s'annulant en</u> 0 , <u>peut localement sur</u> X <u>se relever en un champ de vecteur</u> v <u>qui vérifie</u>

$$< v, \Omega^1_X < Y >> \subset \mathcal{O}_X \quad .$$

Le transposé du monomorphisme direct f^* de 3.3.2.2 est en effet un épimorphisme.

(3.3.3) Le lecteur transposera (3.3.2) au cas d'un morphisme de schémas de type fini sur $\mathbb{C}$, $f : X \longrightarrow S$, vérifiant les conditions analogues à 3.3.2 (a) (b) (c).

3.4. Soit Y un diviseur à croisements normaux dans S . Localement sur X , Y est somme de diviseurs lisses Y_i . On désigne par Y^p (resp par $\tilde{Y}^p$) la réunion (resp la somme disjointe) des intersections p à p des Y_i ; les Y^p , ainsi définis localement, se recollent en un sous-espace Y^p de X , et les $\tilde{Y}^p$ se recollent en la variété normalisée de Y^p . On a $\tilde{Y}^o = Y^o = X$, et on pose $\tilde{Y} = Y^1$. Soit $a : Y^p \to X$ la projection.

Si, à chaque point $y \in \tilde{Y}^p$, on associe l'ensemble des p germes de composante locale de Y en a(y) qui contiennent l'image dans X du germe de voisinages de Y dans $\tilde{Y}^p$, on définit sur $\tilde{Y}^p$ un système local E_p d'ensembles à p éléments.

Désignons par ϵ^p le système local de rang un sur $\tilde{Y}^p$

$$\epsilon^p = \overset{p}{\wedge} \underline{\mathbb{C}}^{E_p} \quad .$$

On a $(\epsilon^p)^{\otimes 2} \simeq \underline{\mathbb{C}}$. Si Y est some de diviseurs lisses $(Y_i)_{i \in I}$, le choix d'un ordre total sur I trivialise les ϵ^p .

3.5. Désignons par $W_n(\Omega^*_X<Y>)$ le plus petit sous-$\mathcal{O}$-module de $\Omega^*_X<Y>$, stable par produit extérieur avec les sections locales de Ω^*_X , et contenant les produits

$$df_1/f_1 \wedge \ldots \wedge df_k/f_k$$

pour $k \leq n$ et pour f_i section locale méromorphe le long de Y de $j_* \mathcal{O}^*_{X^*}$. Les W_n forment une filtration croissante de $\Omega^*_X < Y >$ par des sous-complexes, appelée la filtration par le poids. On a

(3.5.1) $$W_n(\Omega^*_X < Y >) \wedge W_m(\Omega^*_X < Y >) \subset W_{n+m}(\Omega^*_X < Y >) .$$

Localement sur X, écrivons Y comme somme finie de diviseurs lisses $(Y_i)_{i \in I}$ d'équation $t_i = 0$. Soient q une injection de $[1,n]$ dans I, $e(q)$ la section correspondante $e_{q(1)} \wedge \ldots \wedge e_{q(n)}$ de ε^n sur la composante $Y_q = \bigcap_{1 \leq i \leq n} Y_{q(i)}$ de $\tilde{Y}^n$, et a_q la projection de Y_q dans X.

L'application ρ_o de Ω^p_X dans $W^n/W^{n-1}(\Omega^{p+n}_X < Y >)$ donnée par

(3.5.2) $$\alpha \longmapsto dt_{q(1)}/t_{q(1)} \wedge \ldots \wedge dt_{q(n)}/t_{q(n)} \wedge \alpha$$

ne dépend pas du choix des t_i : si les t'_i sont un autre choix, les $dt_i/t_i - dt'_i/t'_i = d(t_i/t'_i)/(t_i/t'_i)$ sont en effet holomorphes, et $\rho_o(\alpha) - \rho'_o(\alpha) \in W^{n-1}(\Omega^{p+n}_X <Y>)$. De même, $\rho_o(t_{q(i)} \cdot \beta) = 0$ et $\rho_o(dt_{q(i)} \wedge \beta) = 0$ de sorte que ρ_o se factorise par

$$\rho_1 : a_{q*} \Omega^p_{Y_q} \longrightarrow W^n/W^{n-1}(\Omega^{p+n}_X <Y>) .$$

La trivialisation $e(q)$ de $\varepsilon^n|Y_q$ identifie ρ_1 à

$$\rho_2 : a_{q*} \Omega^*_{Y_q}(\varepsilon^n)[-n] \longrightarrow Gr^W_n (\Omega^*_X<Y>) .$$

Enfin, la somme des morphismes ρ_2 pour les différents q définit un morphisme de complexes,

(3.5.3) $$\rho : a_* \Omega^*_{\tilde{Y}^n}(\varepsilon)[-n] \longrightarrow Gr^W_n (\Omega^*_X<Y>) .$$

Ce morphisme défini localement par (3.5.2), se recolle en un morphisme de complexes sur X.

Proposition 3.6. Les morphismes 3.5.3 sont des isomorphismes.

Si le couple (X,Y) est un produit $(X,Y) = (X_1,Y_1) \times (X_2,Y_2)$, i.e. si $X = X_1 \times X_2$ et si $Y = X_1 \times Y_2 \cup X_2 \times Y_1$, alors la filtration par le poids sur $\Omega_X^*\langle Y\rangle$ est produit tensoriel externe, via 3.2 (iii), des filtrations par le poids sur les $\Omega_{X_i}^*\langle Y_i\rangle$. On a donc

(3.6.1) $$\mathrm{Gr}^W(\Omega_{X_1}^*\langle Y\rangle) \boxtimes \mathrm{Gr}^W(\Omega_{X_2}^*\langle Y_2\rangle) \xrightarrow{\sim} \mathrm{Gr}^W(\Omega_X^*\langle Y\rangle) .$$

Les isomorphismes

$$\tilde{Y}^n = \coprod_{p+q=n} \tilde{Y}^p \boxtimes \tilde{Y}^q \quad , \quad \text{et}$$

$$\varepsilon^n = \coprod_{p+q=n} \varepsilon^p \boxtimes \varepsilon^q$$

induisent un isomorphisme

(3.6.2) $$\sum_p a_* \Omega^*_{\tilde{Y}_1^p}(\varepsilon^p)[-p] \boxtimes \sum_p a_* \Omega^*_{\tilde{Y}^q}(\varepsilon^q)[-q]$$

$$\xrightarrow{\sim} \sum_n a_* \Omega^*_{\tilde{Y}^n}(\varepsilon^n)[-n] .$$

De plus, via (3.6.1) et (3.6.2), on a

(3.6.3) $$\rho_1 \boxtimes \rho_2 = \rho .$$

Pour que ρ soit un isomorphisme, il suffit donc que les ρ_i en soient. Le problème étant local sur X, ceci nous ramène au cas trivial où $\dim(X) = 1$.

3.7. L'isomorphisme inverse de ρ s'appelle le <u>résidu de Poincaré</u>

(3.7.1) $$\mathrm{Res} : \mathrm{Gr}_n^W(\Omega_X^p\langle Y\rangle) \longrightarrow \Omega^p_{\tilde{Y}^n}(\varepsilon^n)[-n] .$$

Nous n'aurons à en faire usage que dans le cas $p = 1$. Il définit alors

(3.7.2) $$\mathrm{Res} : \Omega_X^1\langle Y\rangle \longrightarrow \mathcal{O}_{\tilde{Y}} .$$

Si $\mathcal{V}$ est un fibré vectoriel sur X, le morphisme 3.7.2 s'étend par linéarité en

(3.7.3) $$\mathrm{Res} : \Omega_X^1\langle Y\rangle(\mathcal{V}) \longrightarrow \mathcal{O}_{\tilde{Y}} \otimes \mathcal{V} .$$

Pour chaque composante lisse Y_i de Y, il définit

(3.7.4) $$\mathrm{Res}_{Y_i} : \Omega^1_X\langle Y\rangle(\mathcal{V}) \longrightarrow \mathcal{V}|Y_i \ .$$

3.8. Sous les hypothèses de 3.1, soit $\mathcal{V}_o$ un fibré vectoriel sur X^*, muni d'une connexion intégrable ∇. On suppose que $\mathcal{V}_o$ est donné comme étant la restriction à X^* d'un fibré vectoriel $\mathcal{V}$ sur X. Localement sur X, le choix d'une base e de $\mathcal{V}$ permet de définir la "matrice de la connexion"

(3.8.1) $$\Gamma \in j_* \Omega^1_{X^*}(\mathrm{End}(\mathcal{V})) \ .$$

Un changement de base $e \longrightarrow e'$ modifie Γ par l'addition d'une section de $\Omega^1_X(\mathrm{End}(\mathcal{V}))$ (I 3.1.3). La "partie polaire de Γ"

(3.8.2) $$\dot{\Gamma} \in j_* \Omega^1_{X^*}(\mathrm{End}(\mathcal{V}_o))/\Omega^1_X(\mathrm{End}(\mathcal{V}))$$

ne dépend donc que de $\mathcal{V}$ et ∇. On dira que <u>la connexion</u> ∇ <u>a au pis un pôle logarithmique le long de</u> Y si dans toute base locale de $\mathcal{V}$, les formes de connexion présentent au pis des pôles logarithmiques le long de Y. Dans ce cas, <u>le résidu de la connexion</u> Γ le long d'une composante locale Y_i de Y est défini (3.7.4)

(3.8.3) $$\mathrm{Res}_{Y_i}(\Gamma) \in \mathrm{End}(\mathcal{V}|Y_i) \ .$$

Il ne dépend que de $\mathcal{V}$ et ∇. De façon plus globale, si $i : \widetilde{Y} \longrightarrow X$ est la projection sur X du normalisé de Y, le résidu de la connexion le long de Y est un endomorphisme de $i^*\mathcal{V}$

(3.8.4) $$\mathrm{Res}_Y(\Gamma) \in \mathrm{End}(i^*\mathcal{V}) \ .$$

3.9. Plaçons-nous sous les hypothèses 3.8, et faisons les hypothèses supplémentaires

a) Y est somme de diviseurs lisses $(Y_i)_{1\leq i\leq n}$ (tel est toujours localement le cas). Pour $P \subset [1,n]$, on pose $Y_P = \bigcap_{i\in P} Y_i$ et $Y'_P = Y_P - \bigcup_{i\notin P} Y_i$.

b) La connexion de $\mathcal{V}$ a au pis un pôle logarithmique le long de Y.

Le dual du fibré vectoriel $\Omega^1_X\langle Y\rangle$ est le fibré $T^1_X\langle -Y\rangle$ des champs de vecteurs v sur X qui vérifient

(3.9.1) Pour $P \subset [1,n]$, $v|Y_P$ est tangent à Y_P .

Si un champ de vecteur v vérifie (3.9.1) , et si g est une section de $\mathcal{V}$, alors $\nabla_v(g)$ est encore une section régulière de $\mathcal{V}$. Sa restriction à Y_P ne dépend que de $g|Y_P$ et de l'image de v dans $T^1_X\langle -Y\rangle \otimes \mathcal{O}_{Y_P}$. Si s est une section locale de l'épimorphisme évident de $T^1_X\langle -Y\rangle \otimes \mathcal{O}_{Y_P}$ dans son image dans le fibré tangent à Y_P , alors, $\nabla_{s(v)}(g)$ définit une connexion ${}_s\nabla$ sur $\mathcal{V}|Y'_P$.
Un crochet de Lie est défini, par passage au quotient, sur $T^1_X\langle -Y\rangle \otimes \mathcal{O}_{Y_P}$. La connexion ${}_s\nabla$ est intégrable si s commute au crochet ; elle présente au pis un pôle logarithmique le long de $Y_P \cap \bigcup_{i \notin P} Y_i$.

Un calcul facile montre que

<u>Proposition</u> 3.10. <u>Sous les hypothèses et avec les notations précédentes</u> :

(i) <u>Sur</u> $Y_i \cap Y_j$, <u>on a</u> $[\mathrm{Res}_{Y_i}(\Gamma), \mathrm{Res}_{Y_j}(\Gamma)] = 0$

(ii) <u>Si</u> $i \in P$, <u>on a</u> sur Y'_P ${}_s\nabla \mathrm{Res}_{Y_i}(\Gamma) = 0$.

On déduit de (ii) pour $P = \{i\}$ que le polynome caractéristique de $\mathrm{Res}_{Y_i}(\Gamma)$ est constant sur Y_i .

On pourrait aussi déduire 3.10 de la proposition suivante, qui se démontre comme 1.17.

<u>Proposition</u> 3.11. <u>Soient</u> $\mathcal{V}$ <u>un fibré vectoriel sur</u> $X = D^n$, $Y = \{0\} \times D^{n-1}$, $X^* = X - Y$, <u>et</u> Γ <u>une connexion intégrable sur</u> $\mathcal{V}|X^*$ <u>présentant un pôle logarithmique le long de</u> Y . <u>Soit</u> T <u>la transformation de monodromie de</u> $\mathcal{V}|X^*$ <u>définie par le générateur positif de</u> $\pi_1(X^*) \simeq \pi_1(D^*) \simeq \mathbb{Z}$ (cf. 1.15) . <u>L'automorphisme horizontal</u> T <u>de</u> $\mathcal{V}|X^*$ <u>se prolonge en un automorphisme de</u> $\mathcal{V}$, <u>encore noté</u> T , <u>et</u>

$$T|Y = \exp(-2\pi i\ \mathrm{Res}_Y(\Gamma)) \quad .$$

3.12. Soient X une variété analytique complexe, Y un diviseur à croisements normaux et j l'inclusion $j : X^* = X - Y \longrightarrow X$. Pour $\mathcal{V}$ un fibré vectoriel sur X , on désigne par $j^m_* j^* \mathcal{V}$ le faisceau des sections de $\mathcal{V}$ sur X^* , méromorphes le long de Y .

Localement sur X , Y est réunion de diviseurs lisses Y_i , et on définit la <u>filtration par l'ordre du pôle</u> P de $j_*^m j^* \mathcal{O} = j_*^m \mathcal{O}_{X*}$ par la formule

(3.12.1) $$P^k(j_*^m j^* \mathcal{O}) = \sum_{\underline{n} \in A_k} \mathcal{O}(\Sigma(n_i+1) Y_i)$$

avec $$A_k = \{(n_i) \mid \sum_i n_i \leq -k \text{ et } \forall i \ n_i \geq 0\} .$$

Cette construction se globalise et fournit sur $j_*^m \mathcal{O}_{X^*}$ une filtration exhaustive telle que $P^k = 0$ pour $k > 0$.

Soit $\mathcal{V}$ un fibré vectoriel sur X , et Γ une connexion intégrable sur $\mathcal{V}|X^*$ présentant un pôle logarithmique le long de Y . On appelle encore <u>filtration par l'ordre du pôle</u> la filtration suivante P du complexe $j_*^m j^* \Omega_X^*(\mathcal{V}) = j_*^m \Omega_{X*}^*(\mathcal{V})$:

(3.12.2) $$P^k(j_*^m \Omega_{X*}^p(\mathcal{V})) = P^{k-p}(j_*^m \mathcal{O}_{X*}) \otimes \Omega_X^p \otimes \mathcal{V} .$$

On déduit du fait que Γ présente au pis des pôles logarithmiques le long de Y que

a) la filtration P de (3.12.2) est compatible aux différentielles ;

b) $\Omega_X^*\langle Y\rangle(\mathcal{V})$ est un sous-complexe de $j_*^m \Omega_{X*}^*(\mathcal{V})$.

De plus,

c) dans les complexes $Gr_P^n(j_*^m \Omega_{X*}^*(\mathcal{V}))$, les opérateurs d sont $\mathcal{O}_X$-linéaires ;

d) la filtration P induit sur $\Omega_X^*\langle Y\rangle(\mathcal{V})$ la <u>filtration de Hodge</u> F par les tronqués bêtes $\sigma_{\geq p}$, d'où un morphisme de complexes filtrés

(3.12.3) $$(\Omega_X^*\langle Y\rangle(\mathcal{V}),F) \longrightarrow (j_*^m \Omega_{X*}^*(\mathcal{V}),P) .$$

<u>Proposition</u> 3.13. <u>Avec les hypothèses et notation de</u> 3.12, <u>et si les résidus de la connexion</u> Γ <u>le long des diverses composantes locales de</u> Y <u>n'admettent aucun entier strictement positif pour valeur propre</u>, <u>on a</u>

(i) <u>le morphisme de complexes</u> (3.12.3) <u>est un quasi-isomorphisme</u>

(ii) <u>plus précisément</u>, <u>il induit un quasi-isomorphisme</u>

(3.13.1) $$\mathrm{Gr}_F(\Omega_X^*\langle Y\rangle(\mathcal{V})) \longrightarrow \mathrm{Gr}_P(j_*^m\,\Omega_{X*}^*(\mathcal{V})) \quad .$$

Il suffit de prouver (ii), qui signifie encore que, pour chaque p, $\mathrm{Gr}_P^p(j_*^m\,\Omega_{X*}^*(\mathcal{V}))\,[p]$ est une résolution de $\Omega_X^p\langle Y\rangle(\mathcal{V})$.

1ère réduction.

Extensions. Si $\mathcal{V}$ est une extension de fibrés à connexion vérifiant 3.13 :

$$0 \longrightarrow \mathcal{V}' \longrightarrow \mathcal{V} \longrightarrow \mathcal{V}'' \longrightarrow 0 \quad ,$$

les lignes du diagramme

$$\begin{array}{ccccccccc}
0 & \longrightarrow & \mathrm{Gr}_F\Omega_X^*\langle Y\rangle(\mathcal{V}') & \longrightarrow & \mathrm{Gr}_F\Omega_X^*\langle Y\rangle(\mathcal{V}) & \longrightarrow & \mathrm{Gr}_F\Omega_X^*\langle Y\rangle(\mathcal{V}'') & \longrightarrow & 0 \\
 & & \downarrow & & \downarrow & & \downarrow & & \\
0 & \longrightarrow & \mathrm{Gr}_P j_*^m\Omega_{X*}^*(\mathcal{V}') & \longrightarrow & \mathrm{Gr}_P j_*^m\Omega_{X*}^*(\mathcal{V}) & \longrightarrow & \mathrm{Gr}_P j_*^m\Omega_{X*}^*(\mathcal{V}'') & \longrightarrow & 0
\end{array}$$

sont exactes. Pour que (3.13.1) soit un quasi-isomorphisme, il suffit donc que les morphismes analogues relatifs à $\mathcal{V}'$ et $\mathcal{V}''$ en soient.

2e réduction.

Produits. Supposons que (X,Y) soit le produit de (X_1,Y_1) et (X_2,Y_2), et que $\mathcal{V}$ soit le produit tensoriel externe $\mathcal{V} = \mathcal{V}_1 \boxtimes \mathcal{V}_2$ de fibrés à connexion $\mathcal{V}_i$ vérifiant sur (X_i,Y_i) les hypothèses de 3.13.

L'isomorphisme 3.2 (iii) identifie la filtration de Hodge de $\Omega_X^*\langle Y\rangle$ au produit tensoriel externe des filtrations de Hodge des $\Omega_{X_i}^*\langle Y_i\rangle$, d'où un isomorphisme évident

(3.13.2) $$\mathrm{Gr}_F(\Omega_{X_1}^*\langle Y_1\rangle(\mathcal{V}_1)) \boxtimes \mathrm{Gr}_F(\Omega_{X_2}^*\langle Y_2\rangle(\mathcal{V}_2)) \xrightarrow{\sim} \mathrm{Gr}_F(\Omega_X^*\langle Y\rangle(\mathcal{V})) \quad .$$

L'isomorphisme évident

$$j_*^m\,\Omega_{X_1^*}^* \boxtimes j_*^m\,\Omega_{X_2^*}^* \xrightarrow{\sim} j_*^m\,\Omega_{X*}^*$$

identifie la filtration P de $j_*^m \Omega^*_{X*}$ au produit tensoriel externe des filtrations P des $j_*^m \Omega^*_{X_i^*}$. On a donc

(3.13.3) $$\mathrm{Gr}_P(j_*^m \Omega^*_{X_1^*}(\mathcal{V}_1)) \boxtimes \mathrm{Gr}_P(j_*^m \Omega^*_{X_2^*}(\mathcal{V}_2)) \xrightarrow{\sim} \mathrm{Gr}_P(j_*^m \Omega^*_{X^*}(\mathcal{V})) .$$

Le morphisme (3.13.1) s'identifie, via (3.13.2) et (3.13.3), au produit tensoriel externe des morphismes analogues relatifs à $\mathcal{V}_1$ et $\mathcal{V}_2$. Les complexes considérés ayant des différentielles $\mathcal{O}_X$-linéaires (3.12 d)), pour prouver que (3.13.3) est un quasi-isomorphisme, il suffit de le prouver pour $\mathcal{V}_1$ et $\mathcal{V}_2$.

Cas des coefficients constants. Prouvons (3.13) (ii) lorsque les conditions suivantes sont vérifiées :

(3.13.4) X est le polydisque ouvert D^n ;

(3.13.5) on a $Y = \bigcup_{1\leq i\leq k} Y_i$ avec $Y_i = pr_i^{-1}(0)$;

(3.13.6) $\mathcal{V}$ est le fibré vectoriel constant défini par un vectoriel V et la connexion s'écrit

$$\Gamma = \sum_i \Gamma_i \frac{dz_i}{z_i}$$

avec $\Gamma_i \in \mathrm{End}(V)$ et $\Gamma_i = 0$ pour $i > k$.

La connexion étant intégrable, les Γ_i commutent deux à deux et il existe une filtration finie G de V, stable par les Γ_i, et telle que $\dim \mathrm{Gr}_G^{\ell}(V) \leq 1$. D'après la 1ère réduction, on se ramène à supposer que $V = \mathbb{C}$, auquel cas Γ_i s'identifie à un scalaire γ_i. Le fibré à connexion $\mathcal{V}$ est alors produit tensoriel externe des fibrés $(\mathcal{O},\gamma_i \frac{dz}{z})$ sur D. La 2e réduction permet de ne traiter que le cas où $n = 1$. Si $k = 0$, i.e. si $Y = \emptyset$, alors $\Omega_X^*\langle Y\rangle = j_*^m \Omega^*_{X*}$ et $F = P$. Si $k = 1$, i.e. si $Y = \{0\}$, alors

a) $P^i(j^m \Omega_X(\mathcal{V}) = 0$ pour $i > -1$

b) $P^{-1}(j_*^m \Omega_{X*}^p(\mathcal{V})) = \begin{cases} 0 & \text{si } p = 0 \\ \Omega_X^1 <Y> (\mathcal{V}) & \text{si } p = 1 \end{cases}$

c) $Gr_P^o(j_*^m \Omega_{X*}^*(\mathcal{V}))$ est le complexe

$$\frac{1}{z}\mathcal{O} \xrightarrow{\partial_z + \gamma} \frac{1}{z^2}\mathcal{O}/\frac{1}{z}\mathcal{O} .$$

Si $\gamma - 1 \neq 0$, alors $\mathrm{coker}(d) = 0$ et $\mathrm{Ker}(d) = \mathcal{V} = \Omega_X^o <Y> (\mathcal{V})$.

d) Pour $n > 0$, $Gr_P^{-n}(j_*^m \Omega_{X*}^*(\mathcal{V})$ est le complexe

$$\frac{1}{z^{n+1}}\mathcal{O}/\frac{1}{z^n}\mathcal{O} \xrightarrow{\partial_z + \gamma} \frac{1}{z^{n+2}}\mathcal{O}/\frac{1}{z^{n+1}}\mathcal{O} .$$

Ceci vérifie 3.13 (ii) cas par cas.

Cas général. Le problème étant local, on peut supposer vérifiées les conditions (3.13.4) et (3.13.5) et on peut se contenter de prouver que le germe en 0 de (3.13.1) est un quasi-isomorphisme.

Pour $0 < |t| \leq 1$, soit $\mathcal{V}_t$ le fibré à connexion image réciproque de $\mathcal{V}$ par l'homothétie H_t de rapport t . Pour $t \longrightarrow 0$, les $\mathcal{V}_t$ "tendent" vers le fibré vectoriel constant $\mathcal{V}_o$ défini par la fibre V_o de $\mathcal{V}$ en 0 , muni d'une connexion vérifiant (3.13.4)(3.13.5) et (3.13.6).

Plus précisément, soient H et i_t les morphismes

$$H : D^n \times D \longrightarrow D^n \quad : \quad (x,t) \longmapsto t.x \quad , \text{ et}$$

$$i_t : D^n \longrightarrow D^n \times D \quad : \quad x \longmapsto (x,t) \quad .$$

On a donc $H_t = H \circ i_t$. La connexion ∇ de $\mathcal{V}$ a pour image réciproque une connexion ∇_1 sur $H^*\mathcal{V}|H^{-1}(X^*)$. La connexion relative (relative à pr_2) correspondante se prolonge à $H^*(\mathcal{V})|X^* \times D$. Posant $\mathcal{V}_t = i_t^* H^*\mathcal{V}$, on a pour $t \neq 0$ un isomorphisme de fibrés à connexion

(3.13.7)
$$\mathcal{V}_t \simeq H_t^*(\mathcal{V}) \quad .$$

Pour $t = 0$, on a un isomorphisme de fibré vectoriel

(3.13.8) $$\mathcal{V}_o = H_o^*(\mathcal{V}) = \mathcal{O}_X \otimes_{\mathbb{C}} V_o$$

et la connexion de $\mathcal{V}_o|X^*$ vérifie (3.13.4) (3.13.5) et (3.13.6).

La variante relative de 3.12 fournit un morphisme de complexes filtrés

(3.13.19) $$\varphi : (\Omega^*_{X\times D/D}\langle Y\times D\rangle(H^*\mathcal{V}),F) \longrightarrow (j^m_* \Omega^*_{X^*\times D}(H^*\mathcal{V}),P) .$$

Les complexes gradués associés sont plats sur D (via pr_2), leurs composantes graduées homogènes sont cohérentes, et les différentielles sont $\mathcal{O}_{X\times D}$-linéaires. On sait déjà que $i_o^*\mathrm{Gr}(\varphi)$ est un quasi-isomorphisme. Il en résulte que $i_t^*\mathrm{Gr}^P(\varphi)$ (la flèche 3.13.1 pour $\mathcal{V}_t$) est un quasi-isomorphisme près de 0 , pour t assez petit. Les $\mathcal{V}_t$ étant isomorphes entre eux près de 0 pour $t \neq 0$ (3.13.7), $i_1^*\mathrm{Gr}^P(\varphi)$ est un quasi-isomorphisme près de 0 , ce qui prouve 3.13.

Corollaire 3.14. Soient X un schéma lisse sur $\mathbb{C}$, Y un diviseur à croisements normaux dans X , j l'inclusion de $X^* = X - Y$ dans X , $\mathcal{V}$ un fibré vectoriel sur X et Γ une connexion intégrable sur $\mathcal{V}|X^*$, présentant un pôle logarithmique le long de Y . On suppose que les résidus de la connexion le long de Y n'admettent aucun entier positif pour valeur propre. Alors

(i) L'homomorphisme de complexe

$$i : \Omega^*_X \langle Y\rangle(\mathcal{V}) \longrightarrow j_* \Omega^*_{X^*}(\mathcal{V})$$

induit un isomorphisme sur les faisceaux de cohomologie (pour la topologie de Zariski)

(ii) Plus précisément, i est injectif, et il existe une filtration croissante exhaustive du complexe $\mathrm{Coker}(i)$, dont les quotients successifs sont des complexes acycliques dont la différentielle est linéaire.

La filtration P de 3.12 a un analogue algébrique évident, vérifiant encore les conditions a) à d) de 3.12. Le corollaire résulte de l'énoncé plus précis que (ii) comme quoi les complexes

$$G^i = \mathrm{Gr}^i_P(j_* \Omega^*_{X^*}(\mathcal{V})/\Omega^*_X\langle Y\rangle(\mathcal{V}))$$

sont acycliques. Ces complexes ont des différentielles $\mathcal{O}_X$-linéaires et, d'après 3.13, les $(G^i)^{an}$ sont acycliques. Par platitude de $\mathcal{O}_{X^{an}}$ sur $\mathcal{O}_X$, les G^i sont donc acycliques, ce qui achève la démonstration.

Corollaire 3.15. Sous les hypothèses de 3.14, on a

$$\mathbb{H}^k(X,\Omega_X^*<Y>(\mathcal{V})) \xrightarrow{\sim} \mathbb{H}^k(X^*,\Omega_{X^*}^*(\mathcal{V})) \quad .$$

Le morphisme j est affine. On a donc

$$R^k j_* \Omega_{X^*}^p(\mathcal{V}) = 0 \quad \text{pour} \quad k > 0$$

et dès lors

$$\mathbb{H}^*(X,j_* \Omega_{X^*}^*(\mathcal{V})) \xrightarrow{\sim} \mathbb{H}^*(X^*, \Omega_{X^*}^*(\mathcal{V})) \quad .$$

D'autre part, d'après (3.14)(i), on a

$$\mathbb{H}^*(X, \Omega_X^* <Y>(\mathcal{V})) \xrightarrow{\sim} \mathbb{H}^*(X,j_* \Omega_{X^*}^*(\mathcal{V})) \quad .$$

Remarque 3.16. Il est facile de généraliser 3.13 et 3.14 à des situations relatives, pour $f : X \longrightarrow S$ un morphisme lisse (S espace analytique ou schéma de caractéristique 0) et pour Y un diviseur à croisements normaux relatifs.

4. Régularité en dimension n.

Théorème 4.1. Soient X un espace analytique complexe, Y une partie analytique fermée de X, telle que $X^* = X - Y$ soit lisse, X' le normalisé de X et Y' l'image réciproque de Y dans X', V un fibré vectoriel sur X^*, méromorphe le long de Y, et ∇ une connexion sur V. Les conditions suivantes sont équivalentes.

(i) Il existe un ouvert U de Y', contenant un point de chaque composante de codimension un de Y', et un isomorphisme φ entre un voisinage de U dans X' et $U \times D$ (D disque unité), induisant l'application identique de U dans $U \times \{0\}$, tels que, pour $u \in U$, la restriction de $\varphi^* V$ à $u \times D$ soit régulière en 0

(ii) Pour toute application $\varphi : D \longrightarrow X$ avec $\varphi^{-1}(Y) = \{0\}$, l'image réciproque de V par φ est régulière.

(iii) Les sections horizontales (multiformes) de V ont une croissance modérée le long de Y .

D'après (i), ces conditions se vérifient "en codimension un à l'infini" sur le normalisé de X . Pour Y diviseur à croisements normaux dans X lisse, elles équivalent encore à

(iv) Pour tout $y \in Y$, il existe un voisinage ouvert U de y et une base $e : \mathcal{O}^d \longrightarrow V$ de V sur $U - Y$, méromorphe le long de Y , telle que la matrice de la connexion (une matrice de forme différentielle) présente au pis un pôle logarithmique le long de Y .

Cas 1. Y est un diviseur à croisements normaux dans X lisse.

L'image réciproque d'une forme différentielle présentant au pis un pôle logarithmique est encore de même nature. On en déduit que (iv) $\Longrightarrow$ (ii) $\Longrightarrow$ (i) . On déduit par ailleurs de 1.19 que (iii) $\Longrightarrow$ (i).

Pour prouver que (i) $\Longrightarrow$ (iii),(iv), on se ramène au cas où $X = D^{n+m}$, $X^* = D^{*n} \times D^m$, $Y = \bigcup\limits_1^n Y_i$, $Y_i = pr^*(\{0\})$. On a $\pi_1(X^*) \simeq \mathbb{Z}^n$, et le système local défini par V sur X^* est donc décrit par $T : \mathbb{Z}^n \longrightarrow GL_d(\mathbb{C})$; désignons par T_i les images des éléments de base $\mathbb{Z}^n$ (ce sont les "transformations de monodromie"). Choisissons des matrices U_i , commutant deux à deux, et telles que $\exp(-2\pi i\, U_i) = T_i$. Soit V_o le fibré vectoriel $\mathcal{O}^d$, muni de la connexion de matrice $\Gamma_o = \Sigma\, U_i \dfrac{dz_i}{z_i}$. On déduit de (1.17.1) que V_o a même monodromie que V . Sur X^* , il existe donc un isomorphisme v de fibrés à connexion entre V_o et V . Il est clair que V_o vérifie (iii) et (iv) ; il suffit donc de prouver que v est compatible aux structures méromorphes à l'infini de V et V_o . On le vérifie tout d'abord pour $n = 1$, et lorsque V vérifie

(i') Il existe $U \subset D^m$, non vide, tel que, pour $u \in U$, $V|D \times u$ soit régulier à l'origine.

Si on considère v comme une section de $\underline{Hom}(V_o,V_1)$, cela résulte du lemme suivant

Lemme 4.1.1. Soient V un fibré vectoriel sur $X^* = D^{m+1} - (\{0\} \times D^m)$, méromorphe le long de $\{0\} \times D^m$, et soit v une section de V. On suppose qu'il existe un ouvert non vide U de Y tel que pour u dans U, la section $v|D^* \times u$ de $V|D^* \times u$ soit méromorphe en 0. Alors, u est méromorphe le long de Y.

Localement près de Y, il existe des monomorphismes méromorphes $\psi : V \longrightarrow \mathcal{O}^k$. Pour le voir, on prend un prolongement permis V_1 de V sur D^{n+1}, et un épimorphisme $\varphi : \mathcal{O}^k \longrightarrow V_1$. Le transposé ${}^t\varphi : V_1 \longrightarrow \mathcal{O}^k$ de φ induit alors ${}^t\varphi|X^* : V \hookrightarrow \mathcal{O}^k$.

Il suffit donc de prouver 4.1.1 pour $V = \mathcal{O}$. Soit donc $v \in H^o(X^*,\mathcal{O})$, et soit F_n l'ensemble des points y de Y tels que $v|y \times D$ présente au pis un pôle n-uple en 0. L'ensemble F_n est fermé, car, si z désigne la première coordonnée sur X pour qu'une fonction f sur D^* présente au pis un pôle n-uple, il faut et il suffit que

$$\oint f(z)\, z^k\, dz = 0 \qquad (k \geq n)$$

Par hypothèse, la réunion des F_n a un point intérieur. D'après Baire, un des F_n a un point intérieur et $z^n v$ est holomorphe sur un ouvert de Y, donc partout.

Achevons la démonstration dans le cas 1. Si la condition (i) est vérifiée, alors, au voisinage des points de U et dans des coordonnées convenables, la condition (i') le sera, donc aussi (ii), donc (i') dans <u>tout</u> système de coordonnées. Revenant au cas $X = D^{n+m}$ considéré précédemment, on voit que v est méromorphe au voisinage de tout point lisse de Y, donc en dehors d'une partie de X de codimension ≥ 2, donc est partout méromorphe.

Cas 2. X normal ; preuve de (i) $\Longleftrightarrow$ (ii).

Soit X_o le plus grand ouvert de X où X est lisse et Y un diviseur lisse. D'après ce qui précède, il suffit de prouver que la condition (ii) est vérifiée chaque fois que $\varphi(0) \in Y_o = X_o \cap Y$, alors elle est vérifiée en général. Pour prouver ce point, on utilisera un argument de spécialisation.

Lemme 4.1.2. Soient X , Y et $X^* = X - Y$ comme en 4.1 , $y \in Y$, et C une courbe réduite sur X vérifiant $C \cap Y = \{y\}$. Il existe dans un voisinage U de y une fonction holomorphe f , telle que le lieu Z d'équation $f = 0$ soit lisse en dehors de $U - Y$, contienne C et soit purement de codimension un dans X .

Soient près de y $f_1 \dots f_k$ une famille d'équations qui définissent C . Pour toute famille $\underline{\lambda} \in \mathbb{C}^k$, soit $z(\underline{\lambda})$ le lieu d'équation $\Sigma \lambda_i f_i = 0$. La partie fixe de la famille $z(\underline{\lambda})$ est réduite à C . D'après le lemme de Bertini (ou d'après le lemme de Sard appliqué à la fonction $\underline{\lambda}$ sur l'ensemble des couples $(x,\underline{\lambda})$ avec $\Sigma \lambda_i f_i(x) = 0$) , pour $\underline{\lambda}$ assez général, $z(\lambda)$ est non singulier en dehors de Y et C . En tout point de $C - Y$ proche de y , un des f_i s'annule simplement. Pour U assez petit, un $z(\lambda)$ général est donc lisse le long de $C - Y$, et vérifie 4.1.2 .

Soit maintenant $\varphi : D \longrightarrow X$ avec $\varphi^{-1}(Y) = \{0\}$.

Remplaçant X par un voisinage de $\varphi(0)$ et D par un disque plus petit, on peut supposer que $C = \varphi(D)$ est une courbe fermée sur X , et il suffit de prouver que $V|C$ est régulier en 0 (cf. 1.13). On déduit par récurrence de 4.12 qu'il existe au voisinage de $\varphi(0)$ $f_1 \dots f_n$ tel que le lieu C_1 d'équation $f_1 \dots f_n = 0$ soit une courbe contenant C de codimension n , et lisse en dehors de $C_1 \cap Y = \{\varphi(0)\}$. Soit f le morphisme de X dans $\mathbb{C}^n$ de coordonnées les f_i . Si on se restreint à des voisinages de $\varphi(0)$ et 0 convenables, $f|Y$ est un morphisme fini, et $f(Y - Y^o)$ est un sous-espace analytique propre. Si D est un petit disque de centre 0 sur une droite passant par 0 assez générale de $\mathbb{C}^n$, la courbe $f^{-1}(\lambda)$ $(\lambda \in D - \{0\})$ coupe donc Y en dehors de Y_o . Par hypothèse, $V|f^{-1}(\lambda)$ est donc régulier le long de $f^{-1}(\lambda) \cap Y$; par spécialisation (1.24) $V|f^{-1}(0) = V|C_1$ est donc régulier en $\varphi(0)$, et a fortiori $V|C$ l'est.

Cas général.

Les applications de D dans X correspondent bijectivement à celles de D dans X' . La condition (ii) sur X, Y et V équivaut donc à la condition analogue sur X' , Y' et l'image réciproque de V . La même équivalence vaut pour (iii) (par 2.19). On peut donc supposer X normal, et (i) $\Leftrightarrow$ (ii) .

D'après Hironaka [12], localement sur X il existe une résolution des singularités $\pi : X_1 \longrightarrow X$ telle que

- π est projectif, et birégulier hors de Y
- X_1 est lisse, et $\pi^{-1}(Y)$ un diviseur à croisements normaux.

A nouveau, la condition (ii) (resp(iii)) sur (X,Y) équivaut à la même condition sur (X_1,Y_1) . Puisque (i) $\Longleftrightarrow$ (ii) , la même équivalence vaut pour (i) , et on conclut par le cas 1.

Définition 4.2. Sous les hypothèses de 4.1, on dit que (V,∇) est régulier le long de Y si les conditions équivalentes de 4.1 sont vérifiées.

Proposition 4.3. Avec les hypothèses et notations de 2.19, soit V un fibré vectoriel sur X_2^* , méromorphe le long de Y_2 , et muni d'une connexion intégrable. Alors

(a) Si V est régulier, alors f^*V est régulier

(b) Si la condition 2.19 (a) est vérifiée et f^*V régulier, alors V est régulier.

D'après 2.19, ceci est clair sur 4.1 (iii) .

Proposition 4.4. Soit V un fibré vectoriel sur une variété algébrique complexe lisse séparée X . Soit $\bar{X}$ une compactification de X ; V^{an} est alors méromorphe le long de $Y = \bar{X} - X$. Pour ∇ une connexion sur V^{an} , les conditions suivantes sont équivalentes

(i) V^{an} est régulier le long de Y

(ii) Pour toute courbe algébrique lisse C tracée sur X (et localement fermée dans X) $V|C$ est régulier (1.21).

Pour $\bar{X}$ normal, ces conditions équivalent à

(iii) ∇ est algébrique, et pour tout point générique η d'une composante de codimension un de Y , il existe au voisinage de η un champ de vecteurs algébrique v , transversal à Y (de sorte que le triple $(\mathcal{O}_\eta, \mathcal{O}_\eta, \partial_v)$ vérifie (1.4.1)), tel que V

induit sur le corps des fractions K de $\mathcal{O}_\eta$, muni de ∂_v, un vectoriel à connexion régulière au sens (1.11) .

(iii') Idem pour tout champ v de ce type.

On a (ii) $\Longrightarrow$ 4.1 (i) $\Longrightarrow$ 4.1 (ii) $\Longrightarrow$ (ii) . D'autre part, 4.1 (iv) implique que ∇ est méromorphe en codimension un sur $\bar{X}$, donc est méromorphe, donc est algébrique par GAGA. On a alors

$$\text{(iii')} \Longrightarrow \text{(iii)} \Longrightarrow 4.1\text{(i)} \Longrightarrow 4.1\text{(iv)} \Longrightarrow \text{(iii')} .$$

Définition 4.5. Sous les hypothèses de 4.4, on dit que (V,∇) est régulier si les conditions équivalentes de 4.4 sont vérifiées.

Si (V,∇) est un fibré vectoriel à connexion intégrable algébrique sur X , il est clair sur 4.4(ii) que la régularité de ∇ est une condition purement algébrique indépendante du choix d'une compactification. On peut, de plusieurs façons équivalentes, lui donner un sens pour X schéma lisse de type fini sur un corps k de caractéristique 0 . On peut, par exemple, prendre 4.4(ii) ou (iii) pour définition. Nous nous restreindrons par la suite au cas où $k = \mathbf{C}$. Par le principe de Lefschetz ceci ne restreint pas la généralité.

Proposition 4.6. Soit X une variété algébrique complexe (lisse)

(i) Si $V' \longrightarrow V \longrightarrow V''$ est une suite exacte horizontale de fibrés vectoriels à connexion intégrable sur X , et si V' et V'' sont réguliers, alors V est régulier

(ii) Si V_1 et V_2 sont deux fibrés vectoriels à connexion intégrable régulière, alors $V_1 \otimes V_2$, $\underline{\mathrm{Hom}}(V_1,V_2)$, $V_1^\vee$, $\overset{p}{\wedge} V_1$, sont réguliers

(iii) Soient $f : X \longrightarrow Y$ un morphisme de schémas lisses sur $\mathbf{C}$, et V un fibré vectoriel à connexion intégrable sur Y . Si V est régulier, alors f^*V est régulier. Récriproquement, si f^*V est régulier et f dominant, alors V est régulier.

Les assertions (i) et (ii) résultent aussitôt de la définition par 4.4(ii) et 1.13. Il est clair sur 4.4(iii) que la régularité, se vérifiant en codimension un à l'infini, est une <u>notion birationnelle</u>. Ceci permet, dans (iii), de remplacer "f dominant" par "f surjectif" . On applique alors 4.4(ii) et 1.13(iii) en notant que pour f surjectif, pour toute courbe C sur Y , il existe une courbe C' sur X telle que $\overline{f(C')} \supset C$.

5. Théorème d'existence.

5.1. Soient D le disque unité ouvert, $D^* = D - \{0\}$, $X = D^{n+m}$, $Y_i = pr_i^{-1}(\{0\})$, $Y = \bigcup_{i=1}^{n} Y_i$ On pose $X^* = X - Y = (D^*)^n \times D^m$. On a

(5.1.1) $$\pi_1(X^*) = \pi_1(D^*)^n = \mathbb{Z}^n ,$$

via l'identification 1.15 $\pi_1(D^*) \simeq \mathbb{Z}$. On désigne par T_i l'élément du groupe abélien $\pi_1(X^*)$ qui correspond par (4.1.1) au $i^{\text{ème}}$ vecteur de base de $\mathbb{Z}^n$.

Un système local V sur X^* sera dit <u>unipotent le long de</u> Y si le groupe fondamental $\pi_1(X^*)$ agit sur ce système local (I 1.5) par des transformations unipotentes. On utilisera la même terminologie pour V un fibré vectoriel muni d'une connexion intégrable sur X^* (via le dictionnaire I 2.17). Puisque $\pi_1(X^*)$ est abélien engendré par les "transformations de monodromie" T_i , il revient au même de demander que les T_i agissent de façon unipotente.

Dans la proposition suivante, on désignera par $\| \ \|$ une quelconque norme sur X^* relativement à Y , par exemple

$$\|z\| = 1/d(z,Y) \quad \text{ou} \quad \|z\| = 1/\prod_1^n |z_i| .$$

<u>Proposition</u> 5.2. <u>Avec les notations de</u> 4.1, <u>soit</u> V <u>un fibré vectoriel à connexion intégrable sur</u> X^*, <u>unipotent le long de</u> Y .

a) <u>Il existe une unique extension</u> $\widetilde{V}$ <u>du fibré vectoriel</u> V <u>en un fibré vectoriel sur</u> X <u>qui vérifie les conditions suivantes.</u>

(i) <u>Toute section horizontale (multiforme) de</u> V <u>a , en tant que section multiforme</u>

de $\widetilde{V}$ sur X^*, une croissance au plus en $O((\log\|x\|)^k)$ (k assez grand) près de toute partie compacte de Y

(ii) De même, toute section horizontale (multiforme) de $V^\vee$ a une croissance au plus en $O((\log\|x\|)^k)$ (k assez grand) près de toute partie compacte de Y

b) La conjonction des conditions (i) et (ii) équivaut à la conjonction des conditions suivantes

(iii) La matrice de la connexion de V, dans une quelconque base locale de $\widetilde{V}$, présente au pis un pôle logarithmique le long de Y

(iv) Le résidu $\mathrm{Res}_i(\Gamma)$ de la connexion le long de Y_i $(1 \leq i \leq n)$ est nilpotent

c) Soit e une base horizontale (multiforme) de V. Les sections de $\widetilde{V}$ sur X s'identifient à celles des sections de V sur X^* dont les coordonnées dans la base e sont des fonctions (multiformes) croissant au plus en $O((\log\|x\|)^k)$ (k assez grand) près de toute partie compacte de Y.

d) Tout morphisme horizontal $f : V_1 \longrightarrow V_2$ se prolonge en $\widetilde{f} : \widetilde{V}_1 \longrightarrow \widetilde{V}_2$. Le foncteur $V \longmapsto \widetilde{V}$ est exact, de formation compatible à $\otimes$, Hom, $\overset{p}{\wedge}$, ...

On appellera $\widetilde{V}$ le prolongement canonique de V.

Preuve. a) Soient $e : \mathcal{O}^n \longrightarrow V$ une base horizontale (multiforme) de V et V_1 un prolongement de V. La condition (i) signifie que $e : \mathcal{O}^n \longrightarrow V_1|X^*$ a une croissance en $O((\log\|x\|)^k)$. La condition (ii) signifie que la base duale $e' : \mathcal{O}^n \longrightarrow V_1|X^*$ a une croissance en $O((\log\|x\|)^k)$; ceci revient à dire que $e^{-1} : V_1|X^* \longrightarrow \mathcal{O}^n$ a une croissance au plus en $O((\log\|x\|)^k)$. Si V_1 et V_2 sont deux prolongements de V vérifiant (i) et (ii), l'application identique i de V s'insère dans un diagramme commutatif

$$\begin{array}{ccc} V_1|X^* & \xrightarrow{\ i\ } & V_2|X^* \\ \downarrow{\scriptstyle e^{-1}} & & \downarrow{\scriptstyle e} \\ \mathcal{O}^n & = & \mathcal{O}^n \end{array}$$

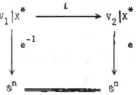

Par hypothèse, e^{-1} et e, donc i, ont une croissance en $O((\log\|x\|)^k)$, est donc régulier et i^{-1} est régulier de même : l'identité de V se prolonge en un isomorphisme entre V_1 et V_2. Ceci prouve l'unicité de $\tilde{V}$.

b) Soit V_o un vectoriel muni d'une action unipotente de $\pi_1(X^*)$, et soit $-2\pi i\ U_i$ la détermination nilpotente du logarithme de l'action de T_i.

(5.2.1) $$U_i = \frac{1}{2\pi i} \sum \frac{(I-T_i)^k}{k} .$$

Soit $\tilde{V}_o$ le fibré vectoriel sur X, défini par V_o, muni de la connexion de matrice

(5.2.2) $$\Gamma = \sum U_i \frac{dz_i}{z_i} .$$

Les sections horizontales (multiformes) de $\tilde{V}_o$ sont de la forme

(5.2.3) $$v(z) = \exp(-\sum \log z_i . U_i)(v_o) .$$

La série exponentielle se réduit ici à une somme finie, donc à un polynome en les $\log z_i$.

Le fibré $\tilde{V}_o$ vérifie (i)(ii)(iii)(iv). De plus, si e_o est une base de V_o, la relation entre les coordonnées d'une section v de $\tilde{V}_o$ dans la base e_o, ou dans la base horizontale e_1 s'en déduit par 5.2.3, est donnée par

$$\begin{cases} e_o = \exp\left(\sum_1^n \log z_i\ U_i\right) e_1 \\ e_1 = \exp\left(-\sum_1^n \log z_i\ U_i\right) e_o \end{cases}$$

et c) est vérifié. Enfin, $\tilde{V}_o$ est foncteur exact en V_o, de formation compatible à $\otimes$, $\underline{\mathrm{Hom}}$, $\overset{p}{\wedge}$, ... Vu le dictionnaire 1.2, ceci prouve a), c), d) et montre que (i) + (ii) $\Longrightarrow$ (iii) + (iv).

c) Soit V_1 une extension de V vérifiant (iii) + (iv) . Pour prouver (i), on se ramène au cas où V_1 est libre : $V_1 \sim \mathcal{O}^n$. Soit Γ la matrice de la connexion et écrivons

$$\Gamma = \sum \Gamma_{o,i} \frac{dz_i}{z_i} + \Gamma'' = \Gamma' + \Gamma''$$

avec $\Gamma_{o,i}$ constant et Γ'' holomorphe. Soit e une base horizontale (multiforme) pour la connexion Γ' (qui est du type considéré en b)). Si $a.e$ est une base horizontale (multiforme) pour Γ, on a

$$\nabla a.e = da.\nabla e + a.\nabla e = 0$$

d'où une majoration

$$|da| \leq C^{te}|a|(\log\|z\|)^k \quad .$$

Ceci prouve que V_1 vérifie (i), et (ii) s'obtient en considérant $\check{V}_1$.

4.3. Lorsqu'on ne suppose pas V unipotent le long de Y, il est encore possible de "nommer" un prolongement de V sur X, mais sa construction, bien plus arbitraire, dépend du choix préalable d'une section τ de la projection de $\mathbb{C}$ sur $\mathbb{C}/\mathbb{Z}$. Choisir τ revient à choisir une fonction logarithme : on posera

$$\log_\tau(z) = 2\pi i\ \tau\left(\frac{1}{2\pi i}\log z\right) .$$

Un des moins mauvais choix est

(5.3.1) $$0 \leq \mathrm{Re}(\tau) < 1 \quad .$$

<u>Proposition</u> 5.4. (<u>Manin</u> [19]). <u>Soient</u> τ <u>comme en</u> 5.3 <u>et</u> V <u>un fibré vectoriel à connexion intégrable sur</u> X^*. <u>Il existe une unique extension</u> $\tilde{V}(\tau)$ <u>du fibré vectoriel</u> V <u>en un fibré vectoriel sur</u> X <u>qui vérifie les conditions suivantes</u>

(i) <u>La matrice de la connexion de</u> V, <u>dans une quelconque base locale de</u> $\tilde{V}(\tau)$, <u>présente au pis un pôle logarithmique le long de</u> Y

(ii) <u>Le résidu</u> $\mathrm{Res}_i(\Gamma)$ <u>de la connexion le long de</u> Y_i $(1 \leq i \leq n)$ <u>a ses valeurs propres dans l'image de</u> τ.

<u>Le prolongement</u> $\tilde{V}(\tau)$ <u>de</u> V <u>est fonctoriel et exact en</u> V.

On prendra garde que la formation de $\tilde{V}(\tau)$ n'est pas en général compatible au $\otimes$.

Pour chaque homomorphisme $\lambda : \pi_1(X^*) \longrightarrow \mathbb{C}^*$, soit $U_{\lambda,\tau}$, ou simplement

U_λ , le fibré vectoriel $\mathcal{O}$ sur X , muni de la connexion de matrice

$$\Gamma_\lambda = \Sigma \frac{-1}{2\pi i} \log_\tau \lambda(T_i) . \frac{dz_i}{z_i} .$$

Par construction, U_λ vérifie (i) et (ii), et admet λ pour monodromie.

Soit V un quelconque fibré vectoriel à connexion intégrable sur X^* ; V admet une unique décomposition

$$V \simeq \oplus_\lambda (U_\lambda | X^*) \otimes V_\lambda$$

avec V_λ unipotent le long de Y . Le facteur direct $(U_\lambda | X^*) \otimes V_\lambda$ de V est le plus grand sous-fibré de V sur lequel les $T_i - \lambda(T_i)$ sont nilpotents. Le prolongement (cf. 5.2)

(5.4.1) $$\widetilde{V}_\tau = \oplus_\lambda U_\lambda \otimes \widetilde{V}_\lambda$$

de V vérifie (i) et (ii), et est exact et fonctoriel en V .

Pour s'assurer que le problème d'extension posé a une seule solution, il suffit de le prouver localement sur Y en dehors d'une partie de codimension ≥ 2 dans X . Avec les notations de 5.1, ceci nous ramène au cas où $n = 1$. Soit alors V' un prolongement de V qui vérifie (i) et (ii). D'après (3.11) , la transformation de monodromie T se prolonge en un automorphisme de V' . Le polynôme caractéristique de T est constant ; le fibré vectoriel V' se décompose donc de façon unique en ses sous-fibrés vectoriels stables par T sur lesquels un endomorphisme $(T - \lambda)$ est nilpotent (sous-espaces propres généralisés de T). On peut donc écrire de façon unique

$$V' = \oplus_\lambda U_\lambda \otimes V'_\lambda ,$$

avec $V'_\lambda | X^*$ unipotent le long de Y . Par construction, V'_λ vérifie 5.2 (iii) et (iv), de sorte que, par (5.2), $V'_\lambda = \widetilde{V}_\lambda$. On a donc $V' = V(\tau)$ (5.4.1) .

<u>Remarques</u> 5.5. (i) Si on définit τ par 5.3.1 , alors $\widetilde{V}(\tau)$ vérifie 5.2 c) . On appellera encore ce prolongement le <u>prolongement canonique</u> de V .

(ii) Un prolongement de la forme $\widetilde{V}(\tau)$ a la propriété que, dans une base convenable de $\widetilde{V}(\tau)$, la matrice de la connexion prend la forme

$$\Gamma = \sum_i \Gamma_i \frac{dz_i}{z_i} ,$$

les Γ_i étant des matrices constantes commutant deux à deux.

Corollaire 5.6. (N. Katz). Soient V un fibré vectoriel sur le disque unité D , et Γ une connexion sur $V|D^*$ dont la matrice présente un pôle simple en 0 . Supposons que, quelles que soient les valeurs propres distinctes α et β de $\mathrm{Res}(\Gamma)$, on ait $\alpha - \beta \notin \mathbb{Z}$. Alors, la transformation de monodromie T est conjuguée, dans le groupe linéaire, à $\exp(-2\pi i\, \mathrm{Res}(\Gamma))$.

D'après 5.4, V est du type $\widetilde{V}_o(\tau)$ pour un V_o convenable ; on conclut par le calcul direct 1.17.1.

Proposition 5.7. Soient X un espace analytique complexe, Y un sous-espace fermé de X tel que $X^* = X - Y$ soit lisse, j l'inclusion de X^* dans X et V un fibré vectoriel à connexion intégrable sur X^* . On désigne par e une base horizontale (multiforme) de V et par $\| \;\|$ une norme sur X^* relativement à Y .

(i) Il existe sur V une et une seule structure méromorphe le long de Y relativement à laquelle ∇ soit une connexion régulière.

(ii) Soit $\widetilde{V}$ le sous-faisceau de j_*V formé des sections dont les coordonnées dans la base e croissent au plus en $O((\log\|x\|)^k)$ (k assez grand), le long de Y .

Alors, $\widetilde{V}$ est un faisceau analytique cohérent sur X ; le prolongement $\widetilde{V}$ de V définit la structure méromorphe (i).

Les assertions (i) et (ii) sont locales sur X . D'après Hironaka [ ], on peut supposer l'existence d'une résolution des singularités $\pi : X_1 \longrightarrow X$ telle que $\pi^{-1}(Y)$ soit un diviseur à croisements normaux et que π soit un isomorphisme au-dessus de X^* . Soit $\widetilde{V}_1$ le prolongement canonique 5.5(i) de V sur X_1 . D'après

5.5(i) et 2.19, on a $\widetilde{V} = \pi_* \widetilde{V}_1$. D'après le théorème de finitude de Grauert (pour un morphisme projectif), $\widetilde{V}$ est donc analytique cohérent.

Pour la structure méromorphe le long de $\pi^{-1}(Y)$ définie par $\widetilde{V}_1$, la connexion ∇ est régulière. Cette structure étant image réciproque de celle définie par $\widetilde{V}$, on conclut par (4.3) que ∇ est régulier relativement au prolongement $\widetilde{V}$. Supposons enfin ∇ régulier pour la structure méromorphe définie par un prolongement V' . On vérifie sur 4.1(iii), appliqué au fibré dual, et sur 5.2 c) que $\pi^* V'$ et $\widetilde{V}_1$ définissent la même structure méromorphe le long de $\pi^{-1}(Y)$. L'assertion (i) en résulte.

Corollaire 5.8. Soient X et Y comme en 5.7 . Si un fibré vectoriel V sur $X^* = X - Y$ admet une connexion intégrable, il admet une extension cohérente sur X ; en particulier, si $\operatorname{codim}_X(Y) \geq 2$, alors $j_* V$ est cohérent.

Il résulte aussitôt de 5.7 et 2.22 que :

Théorème 5.9. Soit X une variété algébrique complexe (lisse). Le foncteur $V \longmapsto V^{an}$ établit une équivalence de catégorie entre

(i) La catégorie des fibrés vectoriels algébriques sur X , munis d'une connexion intégrable régulière

(ii) La catégorie des fibrés vectoriels holomorphes à connexion intégrable sur X^{an} .

Si X est connexe et muni d'un point base x_o , le théorème 4.9 fournit une description purement algébrique de la catégorie des représentations complexes de dimension finie du groupe fondamental (usuel) $\pi_1(X,x_o)$.

On peut modifier la démonstration précédente de 5.9 pour ne plus y utiliser Lojasiewicz [17] .

Le théorème 5.9 est local sur X pour la topologie de Zariski. On ne restreint donc pas la généralité en supposant que X admette une compactification projective normale $\bar{X}$.

Prouvons la pleine fidélité : un morphisme horizontal $f : V^{an} \longrightarrow W^{an}$

s'identifie à une section horizontale de $\underline{\mathrm{Hom}}(V,W)^{an}$. D'après 4.1(iii), f a une croissance modérée à l'infini, donc est algébrique (2.24). Il suffit même de vérifier la croissance modérée de f en codimension un à l'infini, et ceci ne requiert pas Lojasiewicz.

Enfin, d'après Hironaka [12], on peut prendre $\bar{X}$ lisse, et tel que $Y = \bar{X} - X$ soit un diviseur à croisements normaux. Localement, la situation est alors isomorphe à celle étudiée en 5.4. Un choix de τ comme en 5.3 nous fournit donc un prolongement $\widetilde{V}_\tau$ de V en un fibré vectoriel sur $\bar{X}$. Relativement à $\widetilde{V}_\tau$, la connexion de V est méromorphe et régulière le long de Y.

D'après GAGA, le fibré $\widetilde{V}(\tau)$, et la connexion ∇, sont algébrisables, et ceci résoud le problème posé.

6. Théorème de comparaison.

6.1. Soient X un schéma lisse de type fini sur $\mathbb{C}$ et $\mathcal{V}$ un fibré vectoriel sur X, muni d'une connexion intégrable <u>régulière</u>. On désigne par V le système local des sections horizontales de $\mathcal{V}^{an}$ sur l'espace topologique X_{cl} sous-jacent à X^{an}. D'après le lemme de Poincaré (I 2.19), on a

$$(6.1.1) \qquad H^*(X_{cl},V) \xrightarrow{\sim} \mathbb{H}^*(X_{cl},\Omega^*_{X^{an}}(\mathcal{V})) \quad ,$$

où le second membre désigne l'hypercohomologie du complexe de De Rham analytique. On dispose par ailleurs d'une flèche

$$(6.1.2) \qquad \mathbb{H}^*(X,\Omega^*_X(\mathcal{V})) \longrightarrow \mathbb{H}^*(X_{cl},\Omega^*_{X^{an}}(\mathcal{V}))$$

de l'hypercohomologie algébrique dans l'hypercohomologie analytique.

<u>Théorème</u> 6.2. <u>Sous les hypothèses de</u> 6.1, <u>la flèche</u> (6.1.2) <u>est un isomorphisme</u>.

La démonstration qu'on donnera de ce théorème est pour l'essentiel une simplification de celle que Grothendieck [9] utilise pour traiter le cas particulier où $\mathcal{V}$ est le faisceau structural $\mathcal{O}$, muni de sa connexion naturelle. Elle occupe les n° 6.3 à 6.9 .

Notons tout d'abord, comme en loc. cit., que 6.2 équivaut à son cas particulier suivant

<u>Corollaire</u> 6.3. <u>Sous les hypothèses de</u> 6.1, <u>avec</u> X <u>affine</u>, <u>on a</u>

$$H^*(\Gamma(X,\Omega_X^*(\mathcal{V}))) \xrightarrow{\sim} H^*(X_{cl},V) \quad .$$

Pour X affine, on a $H^q(X,\Omega_X^p(\mathcal{V})) = 0$ pour $q > 0$, et donc

$$\mathbb{H}^p(X,\Omega_X^*(\mathcal{V})) \simeq H^p(\Gamma(X,\Omega_X^*(\mathcal{V}))) \quad ,$$

de sorte que 6.2 est synonyme de 6.3 . D'autre part, si 6.2 est vrai lorsque X est affine, on voit comme en loc. cit. à l'aide de la suite spectrale de Leray pour un recouvrement ouvert, appliquée aux deux membres de 6.12, que 6.2 est vrai dans le cas général.

6.4. Cette réduction au cas affine montre qu'on ne restreint pas la généralité en supposant que X admet une compactification $j : X \hookrightarrow \bar{X}$, avec $\bar{X}$ complet. D'après la résolution des singularités à la Hironaka [12] , on peut alors choisir $\bar{X}$ de sorte que

a) $\bar{X}$ soit lisse ;

b) X soit le complément dans $\bar{X}$ d'un diviseur à croisements normaux Y réunion de diviseurs lisses : $Y = \bigcup_1^k Y_i$.

Le morphisme j est alors un morphisme affine ; le morphisme j^{an} est donc de Stein : l'image réciproque d'un (petit) ouvert de Stein de $\bar{X}$ est un ouvert de Stein de X . Dès lors

(6.4.1) $$R^i j_* \Omega_X^p(\mathcal{V}) = 0 \qquad \text{pour } i > 0$$

(6.4.2) $$R^i j_*^{an}\, \Omega^p_{X^{an}}(\mathcal{V}) = 0 \qquad \text{pour } i > 0 \ ;$$

de là résulte formellement que

(6.4.3) $$\mathbb{H}^*(\bar{X}, j_*\, \Omega^*_X(\mathcal{V})) \xrightarrow{\sim} \mathbb{H}(X, \Omega^*_X(\mathcal{V}))$$

(6.4.4) $$\mathbb{H}^*(\bar{X}_{cl}, j_*^{an}\, \Omega^*_{X^{an}}(\mathcal{V})) \xrightarrow{\sim} \mathbb{H}(X_{cl}, \Omega^*_{X^{an}}(\mathcal{V})) \ .$$

<u>Lemme</u> 6.5. <u>Soit $\underline{F}$ un faisceau algébrique</u> quasi-cohérent <u>sur un schéma</u> X <u>propre sur</u> $\mathbb{C}$. <u>Soient</u> $\varepsilon : X_{cl} \longrightarrow X$ <u>l'application continue canonique et</u> $\underline{F}^{an} = \mathcal{O}_{X^{an}} \otimes_{\varepsilon^*\mathcal{O}_X} \varepsilon^*\underline{F}$. <u>On a</u>

$$H^*(X, \underline{F}) \xrightarrow{\sim} H^*(X_{cl}, \underline{F}^{an}) \ .$$

D'après EGA I 9.4.9 le faisceau $\underline{F}$ est limite inductive filtrante de faisceaux algébriques cohérents.

$$\underline{F} = \varinjlim F_i \ .$$

Les foncteurs image inverse et produit tensoriel commutent aux limites inductives filtrantes, d'où

$$\underline{F}^{an} = \varinjlim F_i^{an} \ .$$

Si X est un espace topologique compact, les foncteurs $H^i(X, \ )$ commutent aux limites inductives filtrantes (T.F. II 4.12 pg 194). On a donc

(6.5.1) $$\varinjlim H^*(X_{cl}, F_i^{an}) \xrightarrow{\sim} H^*(X_{cl}, F^{an}) \ .$$

On a de même (loc. cit.)

(6.5.2) $$\varinjlim H^*(X, F_i) \xrightarrow{\sim} H^*(X, F) \ .$$

D'après GAGA, on a

$$H^*(X, F_i) \xrightarrow{\sim} H^*(X_{cl}, F_i^{an})$$

et 6.5 s'en déduit en comparant (6.5.1) et (6.5.2).

6.6. Sous les hypothèses de 6.5, tout opérateur différentiel $D : \underline{F} \longrightarrow \underline{G}$ entre faisceaux algébriques cohérents s'étend de façon unique en un opérateur différentiel $D^{an} : F^{an} \longrightarrow G^{an}$. Pour construire D^{an} , on factorise D en $D = Lj_N$:

$$\underline{F} \xrightarrow{j_N} P^N(F) \xrightarrow{L} G \ ,$$

avec L linéaire, on note que $(P^N(F))^{an} = P^N(F^{an})$, et on pose $D^{an} = L^{an}\, j_N^{an}$. La même construction s'applique à un opérateur différentiel $D : \underline{F} \longrightarrow \underline{G}$ entre faisceaux quasi-cohérents, et fournit $D^{an} : F^{an} \longrightarrow G^{an}$. On peut aussi définir D^{an} par passage à la limite inductive à partir du cas cohérent.

Si K est un complexe de faisceaux quasi-cohérents sur X propre sur $\mathbb{C}$, de différentielles des opérateurs différentiels, on a

(6.6.1)
$$\mathbb{H}^*(X,K) \xrightarrow{\sim} \mathbb{H}^*(X_{cl},K^{an}) \ .$$

On dispose en effet d'un morphisme de suites spectrales d'hypercohomologie

$$E_1^{pq} = H^q(X,K^p) \Longrightarrow \mathbb{H}^*(X,K)$$

$$E_1^{pq} = H^q(X_{cl},K^{p\,an}) \Longrightarrow \mathbb{H}^*(X_{cl},K^{an}))$$

et on conclut par 6.5 appliqué aux termes E_1 .

6.7. Le complexe $[j_* \Omega_X^*(\mathcal{V})]^{an}$ n'est autre que le faisceau des sections de $\Omega^*_{X^{an}}(\mathcal{V})$ méromorphes le long de Y ; on le désignera par la notation $j_*^m \Omega_X^*(\mathcal{V})$. Les flèches (6.4.3),(6.4.4) et (6.6.1) pour $j_*^m \Omega^*_{X^{an}}(\mathcal{V})$ s'insèrent dans un diagramme commutatif

(6.7.1)
$$\begin{array}{ccccc}
\mathbb{H}^*(\bar{X},j_*\Omega_X^*(\mathcal{V})) & \xrightarrow[6.4.3]{\sim} & \mathbb{H}^*(X,\Omega_X^*(\mathcal{V})) & & \\
{\scriptstyle 6.6.1}\downarrow\wr & & & & \\
\mathbb{H}^*(\bar{X}_{cl},j_*^m\,\Omega^*_{X^{an}}(\mathcal{V})) & & \downarrow \text{①} & & \\
\downarrow \text{②} & & & & \\
\mathbb{H}^*(\bar{X}_{cl},j_*\,\Omega^*_{X^{an}}(\mathcal{V})) & \xrightarrow[6.4.4]{\sim} & \mathbb{H}^*(X_{cl},\Omega^*_{X^{an}}(\mathcal{V})) & \xleftarrow[6.1.1]{\sim} & H^*(X_{cl},V)
\end{array} \ .$$

Pour prouver 6.2, il suffit donc de prouver que la flèche ② est un isomorphisme. On a plus précisément :

<u>Proposition</u> 6.8. <u>Le morphisme de complexes</u>

$$j_*^m \Omega^*_{X^{an}}(\mathcal{V}) \longrightarrow j_* \Omega^*_{X^{an}}(\mathcal{V})$$

<u>induit un isomorphisme sur les faisceaux de cohomologie.</u>

Les théorèmes de GAGA nous ont ainsi permis de ramener un problème de comparaison global, algébrique/analytique, à un problème de comparaison local, méromorphe/ singularité essentielle.

Soit $\mathcal{V}_o$ un prolongement du fibré vectoriel algébrique $\mathcal{V}$ en un fibré vectoriel sur X tel que, relativement à $\mathcal{V}_o$, on ait

(6.8.1) la connexion de $\mathcal{V}$ présente au pis un pôle logarithmique le long de Y et que les résidus de la connexion le long des composantes de Y n'admettent jamais un entier positif pour valeur propre.

On peut prendre pour $\mathcal{V}_o$ le prolongement canonique (5.6) de $\mathcal{V}$. D'après 3.13, le complexe

$$j_*^m \Omega^*_{X^{an}}(\mathcal{V})/\Omega^*_{X^{an}}<Y>(\mathcal{V}_o)$$

est acyclique. L'assertion 6.8 équivaut à l'acyclicité du complexe analogue

(6.8.2) $$j_* \Omega^*_{X^{an}}(\mathcal{V})/\Omega^*_{X^{an}}<Y>(\mathcal{V}_o) \quad .$$

Si on prend pour $\mathcal{V}_o$ un prolongement du type $\mathcal{V}(\tau)$ (5.4), on peut localement mettre $\mathcal{V}$ sous une forme canonique (5.6(ii)) et il reste à prouver le lemme suivant.

<u>Lemme</u> 6.9. <u>Soient</u> $\Gamma_i \in GL_d(\mathbb{C})$ n <u>matrices qui commutent entre elles, et n'admettent aucun entier positif pour valeur propre.</u> <u>Soient</u> $X = D^{n+m}$, $X^* = D^{*n} \times D^m$, $j : X^* \hookrightarrow X$, $Y = X - X^*$ <u>et</u> Γ <u>la connexion sur</u> $\mathcal{O}^d = \mathcal{V}$

$$\Gamma = \sum_1^n \Gamma_i \frac{dz_i}{z_i} \quad .$$

<u>Alors, le complexe de faisceaux</u>

$$K = j_*\Omega^*_{X^*}(\mathcal{V}) / \Omega^*_X\langle Y\rangle(\mathcal{V})$$

<u>est acyclique en</u> 0 .

Soit F une filtration sur $\mathbb{C}^d$, telle que les quotients successifs F^i/F^{i+1} soient de dimension un pour $0 \leq i < d$, et que les Γ_i soient compatibles à F .

Il suffit de prouver que $Gr_F(K)$ est acyclique, et ceci nous ramène au cas où $d = 1$. On pose $\gamma_i = \Gamma_i$ ($\gamma_i \in \mathbb{C}$, $\gamma_i \notin \mathbb{N}^+$) . Les complexes $\Omega^*_X\langle Y\rangle(\mathcal{V})$ et $j_* \Omega^*_{X^*}(\mathcal{V})$ sont alors moralement des produits tensoriels de complexes analogues pour $n+m = 1$. Ceci suggère de traiter d'abord le cas $n = 1$, $m = 0$. Les sections globales des complexes considérés sont alors

a) (fonctions sur D) $\xrightarrow{\nabla = d + \gamma\, dz/z}$ (forme différentielle à pôle simple en 0)

b) (fonctions sur D^*) $\xrightarrow{\nabla = d + \gamma\, dz/z}$ (forme différentielle sur D^*) .

Ecrivons fonctions et formes différentielles comme des séries de Laurent. Un morphisme de complexe r , inverse à gauche de l'inclusion i : a) $\hookrightarrow$ b) , est alors le morphisme qui à f (resp $f \frac{dz}{z}$) associe g (resp $g \frac{dz}{z}$) , g se déduisant de f en "oubliant la partie polaire"

$$f = \sum_n a_n z^n \qquad\qquad g = \sum_{n\geq 0} a_n z^n \ .$$

On a $ri = Id$, et $Id - ir = \nabla H + H\nabla$ pour

$$H(\sum a_n z^n \frac{dz}{z}) = \sum_{n<0} a_n(\gamma + n)^{-1} z^n \ .$$

Les mêmes formules gardent un sens pour le morphisme de complexes de germes de sections en 0

$$i_o : (\Omega^*_X\langle 0\rangle(\mathcal{V}))_o \longrightarrow (j_* \Omega_{X^*}(\mathcal{V}))_o \ ,$$

et montrent que i_o est une équivalence d'homotopie.

On traite le cas général en transposant le fait qu'un produit tensoriel d'équivalences d'homotopie est une équivalence d'homotopie.

On écrira un germe en 0 de section de $j_* \Omega^*_{X^*}(\mathcal{V})$ $(\mathcal{V} = \mathcal{O})$ sous la forme

$$\alpha = \sum_{\substack{P\subset[1,m] \\ Q\subset[n+1,n+m]}} \alpha_{P,Q} \frac{dz^P}{z^P} dz^Q .$$

On a

$$d\alpha = \sum_1^{n+m} d_i \alpha$$

$$d_i\alpha = (dz_i \wedge \partial_i + \frac{dz_i}{z_i} \wedge . \gamma_i) \alpha .$$

Ces décompositions exhibent $j_* \Omega^*_{X^*}(\mathcal{V})$ comme un complexe $(n + m)$uple, dont $\Omega^*_X<Y>(\mathcal{V})$ est un sous-complexe $(n + m)$uple.

Développons les coefficients $\alpha_{P,Q}$ en séries de Laurent

$$\alpha_{P,Q} = \sum_{\ell \in \mathbb{Z}^n \times \mathbb{N}^m} a^{\ell}_{P,Q} z^{\ell}$$

On pose alors

$$r_i(\alpha_{P,Q}) = \sum_{\ell_i \geq 0} a^{\ell}_{P,Q} z^{\ell} \qquad (i \leq n)$$

$$r(\alpha_{P,Q}) = \sum_{\ell \in \mathbb{N}^n \times \mathbb{N}^m} a^{\ell}_{P,Q} z^{\ell}$$

$$r_i(\alpha) = \Sigma\, r_i(\alpha_{P,Q}) \frac{dz^P}{z^P} dz^Q \qquad (i \leq n)$$

$$r(\alpha) = \Sigma\, r(\alpha_{P,Q}) \frac{dz^P}{z^P} dz^Q .$$

On vérifie que

a) r_i est un endomorphisme de complexe,

b) les r_i commutent deux à deux, et leur produit est r ;

c) r est une rétraction de $(j_* \Omega^*_{X^*}(\mathcal{V}))_o$ dans $(\Omega^*_X<Y>(\mathcal{V}))_o$.

Posons de plus

$$H_i(\alpha_{P,Q}) = \sum_{\ell_i<0} a^{\ell}_{P,Q} (\gamma_i + \ell_i)^{-1} z^{\ell} \qquad (i \leq n)$$

$$H_i(\alpha) = \sum_{i \in P} (-1)^{k_P} H_i(\alpha_{P,Q}) \frac{dz^{P-\{i\}}}{z^{P-\{i\}}} dz^Q$$

$$k_P = \# (P \cap [1,i-1])$$

On vérifie que

d) $1 - r_i = d_i H_i + H_i d_i$

e) $d_i H_j + H_j d_i = 0$ pour $i \neq j$

f) $1 - r_i = d H_i + H_i d$

Puisque 1 est homotope à r_i, 1 est homotope au composé r des r_i, et r est un inverse à homotopie près du morphisme d'inclusion i de $(\Omega_X^* \langle Y \rangle (\mathcal{V}))_o$ dans $j_* \Omega^*_{X^*}(\mathcal{V})$. Ceci achève la démonstration de 6.9 et celle de 6.2.

Corollaire 6.10. Soient X un schéma lisse de type fini sur $\mathbb{C}$, Y un diviseur à croisements normaux sur X, $\mathcal{V}$ un fibré vectoriel sur X et Γ une connexion intégrable régulière sur la restriction de $\mathcal{V}$ à $X^* = X - Y$. On suppose que Γ présente un pôle logarithmique le long de Y, et que le résidu de Γ le long des diverses composantes de Y n'admet aucun entier > 0 pour valeur propre. Alors, désignant par V le système local défini par $\mathcal{V}$ sur X^*_{cl}, on a

$$\mathbb{H}^*(X, \Omega_X^* \langle Y \rangle (\mathcal{V})) \xrightarrow{\sim} H^*(X^*_{cl}, V) .$$

Résulte aussitôt de 3.15 et 6.2.

Corollaire 6.11. Sous les hypothèses de 6.10, avec X affine, on a

$$H^*(\Gamma(X, \Omega_X^* \langle Y \rangle (\mathcal{V})) \xrightarrow{\sim} H^*(X^*_{cl}, V) .$$

En d'autres termes, pour calculer la cohomologie de X^* à coefficients dans V, il suffit de considérer le complexe des formes différentielles algébriques sur X^*, à coefficients dans $\mathcal{V}$, présentant seulement un pôle simple logarithmique le long de Y. On suppose ici X et non seulement X^* affine.

6.12. Je ne dispose pas d'analogue relatif satisfaisant de 6.2. La difficulté majeure est que pour $f : X \longrightarrow S$ morphisme lisse de schémas lisses de type fini sur $\mathbb{C}$, les faisceaux $R^i f_* \mathbb{C}$ (calculés en topologie transcendante) ne sont en général pas localement constants, et n'ont donc pas pour analogues algébriques des fibrés vectoriels à connexion intégrable. Il est facile toutefois de compliquer les résultats qui précèdent par l'adjonction de "paramètres génériques".

Théorème 6.13. Soit $f_1 : X_1 \longrightarrow S_1$ un morphisme lisse entre schémas lisses de type fini sur $\mathbb{C}$. Il existe un ouvert de Zariski dense S de S_1 tel que le morphisme $f : X \longrightarrow S$ déduit de f_1 par le changement de base de S_1 à S vérifie la condition suivante.

Quel que soit le fibré vectoriel à connexion intégrable régulière $\mathcal{V}$ sur X, définissant un système local V sur X_{cl}, on a

(i) Les faisceaux $R^i f_*^{an}(V)$ sont des systèmes locaux sur S ; leur formation est compatible à toute changement de base

(ii) Les faisceaux $\mathbb{R}^i f_* (\Omega^*_{X/S}(\mathcal{V}))$ et $R^i f_*^{an}(\Omega^*_{X^{an}/S^{an}}(\mathcal{V}))$ sont localement libres de type fini, de formation compatible à tout changement de base

(iii) Les flèches canoniques

$$\mathcal{O}_S^{an} \otimes R^i f_*^{an}(V) \xrightarrow{\sim} \mathbb{R}^i f_*^{an}(\Omega^*_{X^{an}/S^{an}}(\mathcal{V})) \xleftarrow{\sim} \mathbb{R}^i f_*(\Omega^*_{X/S}(\mathcal{V}))^{an}$$

sont des isomorphismes.

Plus précisément, on a :

Proposition 6.14. Soit $f : X \longrightarrow S$ un morphisme entre schémas lisses de type fini sur $\mathbb{C}$, qui admette une compactification $\bar{X}$,

(6.14.1)
$$\begin{array}{ccc} X & \overset{j}{\hookrightarrow} & \bar{X} \\ & {\scriptstyle f}\searrow \quad \swarrow{\scriptstyle \bar{f}} & \\ & S & \end{array}$$

propre et lisse sur S, et telle qu'il existe un diviseur à croisements normaux relatif $Y \subset \bar{X}$ dont X soit le complément.

<u>Alors, les conclusions de</u> 6.13. <u>sont vérifiées par</u> f .

Prouvons tout d'abord que 6.14 implique 6.13 . On se ramène dans 6.13 à supposer S_1 irréductible, de point générique η .

6.15. Supposons tout d'abord que $(f_1)_\eta$ admette une compactification

(6.15.1)
$$\begin{array}{ccc} (X_1)_\eta & \hookrightarrow & \bar{X}_\eta \\ & \searrow \quad \swarrow & \\ & \mathrm{Spec}(k(\eta)) & \end{array} .$$

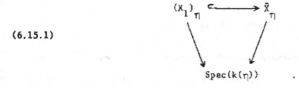

avec $\bar{X}_\eta$ propre sur $k(\eta)$. Tel est le cas si $(X_1)_\eta$ est quasi-projectif ou même, d'après Nagata [20] , seulement séparé.

D'après la résolution des singularités à la Hironaka appliquée au schéma $\bar{X}_\eta$ sur le corps $k(\eta)$, il existe alors une autre compactification (6.15.1) de $(X_1)_\eta$, déduite de la précédente par éclatement, avec cette fois $\bar{X}_\eta$ lisse et $(X_1)_\eta$ complément dans $\bar{X}_\eta$ d'un diviseur à croisements normaux. Vu les sorites de EGA IV sur les $\varprojlim$ de schémas, il existe alors un ouvert de Zariski S de S_1 , et un diagramme commutatif

$$\begin{array}{ccc} X_1|S & \overset{j}{\hookrightarrow} & \bar{X} \\ {\scriptstyle f}\downarrow & \swarrow {\scriptstyle \bar{f}} & \\ S & & \end{array}$$

vérifiant les hypothèses de 6.14 et tel que $\bar{f}^{-1}(\eta) = \bar{X}_\eta$. On conclut par 6.14 dans ce cas.

6.16. Dans le cas général, soit $\mathfrak{U} = (U_i)$ un recouvrement fini de X par des ouverts compactifiables au sens précédent, et soit S l'intersection des ouverts construits en 6.15 relatifs aux morphismes compactifiables

(6.16.1) $$U_{i_1} \cap \ldots \cap U_{i_k} \longrightarrow S_1 .$$

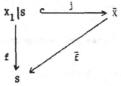

On dispose des conclusions de 6.13 pour les morphismes déduits des morphismes 6.16.1 par restriction à S . La suite spectrale de Leray pour le recouvrement $\mathcal{U}$ nous fournit alors pour $f : X = X_1|S \longrightarrow S$ que

(a) f vérifie 6.13(i) et 6.13(iii), après tout changement de base

(b) Les faisceaux $\mathbb{R}^i f_* \Omega^*_{X/S}(\mathcal{V})$ sont cohérents, et ceci reste vrai après tout changement de base $T \longrightarrow S$.

Il est clair enfin que (a)+(b) $\Longrightarrow$ 6.13 (ii).

6.17. Prouvons 6.14. Sous les hypothèses de 6.14, le couple $(\bar{X},Y)$ est C^∞- localement constant sur S . On le vérifie en relevant des champs de vecteurs sur S en des champs de vecteurs sur $\bar{X}$ tangents à Y . L'assertion (i) de 6.13 en résulte. D'après I 2.30, le morphisme

$$(6.17.1) \qquad \mathcal{O}_S^{an} \otimes R^i f_*^{an} V \xrightarrow{\sim} R^i f_*^{an}(\Omega^*_{X/S}(\mathcal{V}^{an}))$$

est un isomorphisme, et ce fait reste vrai après tout changement de base.

Pour compléter la démonstration, il reste à prouver que les faisceaux $\mathbb{R}^i f_* (\Omega^*_{X/S}(\mathcal{V}))$ sont cohérents, vérifient

$$R^i f_*(\Omega^*_{X/S}(\mathcal{V}))^{an} \xrightarrow{\sim} R^i f_*^{an}(\Omega^*_{X/S}(\mathcal{V}^{an})) \quad ,$$

et que ces assertions restent vraies après tout changement de base.

La démonstration est parallèle à celle de 6.13 :

(a) Soit $\mathcal{V}_o$ le prolongement canonique (5.5) de $\mathcal{V}$ sur $\bar{X}$. D'après 3.16, l'injection

$$\varphi : \Omega^*_{\bar{X}/S}<Y>(\mathcal{V}) \longrightarrow j_* \Omega^*_{X/S}(\mathcal{V})$$

est un quasi-isomorphisme, ainsi que

$$\varphi^{an} : \Omega^*_{\bar{X}^{an}/S^{an}}<Y>(\mathcal{V}^{an}) \longrightarrow j_*^m \Omega^*_{X^{an}/S^{an}}(\mathcal{V}) \quad ;$$

ceci reste vrai après tout changement de base. Le théorème de finitude EGA III 3.2.1 implique alors que, après tout changement de base, les faisceaux

$$R^i\bar{f}_*(\Omega^*_{\bar{X}/S} < Y > (\mathcal{V})) \xrightarrow{\sim} R^i f_*(\Omega^*_{X/S} < Y > (\mathcal{V})$$

sont algébriques cohérents. Procédant comme en 6.7 et utilisant cette fois la variante relative de GAGA, on ramène 6.14 au lemme suivant

Lemme 6.18. Le morphisme de complexes

$$j_*^m \, \Omega^*_{\bar{X}^{an}/\bar{S}^{an}}(\mathcal{V}) \longrightarrow j_* \, \Omega^*_{\bar{X}^{an}/\bar{S}^{an}}(\mathcal{V})$$

induit un isomorphisme sur les faisceaux de cohomologie, et ceci reste vrai après tout changement de base.

C'est là un problème local sur $\bar{X}$, que l'on traite en mettant $\mathcal{V}$ sous une forme canonique 5.6(ii) et en reprenant la démonstration de 6.9.

6.19. L'exemple qui suit montre que les fibrés vectoriels algébriques à connexion intégrable irrégulière peuvent présenter d'horribles pathologies. Soient X une courbe algébrique complexe séparée lisse, $\mathcal{V}$ un fibré vectoriel de dimension n à connexion sur X et V le système local sur X_{cl} défini par $\mathcal{V}^{an}$. On a

$$\chi^{an}_{DR}(\mathcal{V}) =_{dfn} \Sigma(-1)^i \dim \mathbb{H}^i(X_{cl},\Omega^*_{X^{an}}(\mathcal{V})) = \Sigma(-1)^i \dim H^i(X_{cl},V)$$

$$= n.\chi(X_{cl}) .$$

On posera par ailleurs (cf. 6.20(i))

$$\chi_{DR}(\mathcal{V}) = \Sigma(-1)^i \dim \mathbb{H}^i(X,\Omega^*_X(\mathcal{V})) \quad .$$

Proposition 6.20. Sous les hypothèses précédentes,

(i) Les vectoriels $\mathbb{H}^i(X,\Omega^*_X(\mathcal{V}))$ sont de dimension finie

(ii) Les conditions suivantes sont équivalentes

(a) La connexion de $\mathcal{V}$ est régulière ;

(b) On a $\mathbb{H}^*(X,\Omega^*_X(\mathcal{V})) \xrightarrow{\sim} \mathbb{H}^*(X_{cl},\Omega^*_{X^{an}}(\mathcal{V}))$;

(c) On a $\chi^{an}_{DR}(\mathcal{V}) = \chi_{DR}(\mathcal{V})$.

On a (a) $\Longrightarrow$ (b) (6.2) et (b) $\Longrightarrow$ (c) .

Soit $j : X \hookrightarrow \bar{X}$ la complétion projective et lisse de X . Pour $x \in Y = \bar{X} - X$, choisissons dans un voisinage U de x

a) un champ de vecteur τ qui s'annule simplement en x , d'inverse une forme de résidu 1 en x

b) une section v de $\mathcal{V}$ telle que les $\nabla_\tau^i v$ $(0 \leq i < n)$ forment une base de $\mathcal{V}$ dans $U - \{x\}$.

Soit $\nabla_\tau^n v = \sum_0^{n-1} a_i \nabla_\tau^i v$. On pose

$$i_x(\mathcal{V}) = \sup(0, \sup(-v_x(a_i))) .$$

D'après 1.10, $i_x(\mathcal{V}) = 0$ si et seulement si $\mathcal{V}$ est régulier en x .

__Lemme__ 6.21. (i) __L'entier__ ≥ 0 $i_x(\mathcal{V})$ __ne dépend pas des choix arbitraires__ (a) __et__ (b)

(ii) __Il existe deux extensions__ $\mathcal{V}_1$ __et__ $\mathcal{V}_2$ __de__ $\mathcal{V}$ __sur__ $X' = X \cup \{x\}$ telles que

(α) $\mathcal{V}_1 \subset \mathcal{V}_2$ __et__ $\dim(\mathcal{V}_{2(x)}/\mathcal{V}_{1(x)}) = i_x(\mathcal{V})$

(β) $\nabla \mathcal{V}_1 \subset \Omega^1_{X'}\langle\{x\}\rangle(\mathcal{V}_2)$

(γ) __Pour tout__ $k > 0$, ∇ __induit une bijection__

$$\mathrm{Gr}\,\nabla : \mathcal{V}_1(kx)/\mathcal{V}_1((k-1)x) \xrightarrow{\sim} \Omega^1_{X'}\langle\{x\}\rangle(\mathcal{V}_2(kx))/\Omega^1_{X'}\langle\{x\}\rangle((k-1)x))$$

Prouvons tout d'abord que 6.21(ii) implique 6.21(i) et 6.20 . D'après 6.21(ii), pour chaque $x \in Y$ on dispose de prolongements $\mathcal{V}_1$ et $\mathcal{V}_2$ de $\mathcal{V}$ sur $X \cup \{x\}$ vérifiant (α)(β)(γ) . Ces prolongements se recollent en deux prolongements $\mathcal{V}_1$ et $\mathcal{V}_2$ de $\mathcal{V}$ sur $\bar{X}$. D'après (β) , on dispose de complexes

$$K_k : \mathcal{V}_1(kY) \longrightarrow \Omega^1_{\bar{X}}\langle Y\rangle(\mathcal{V}_2(kY)) \qquad (k \geq 0) .$$

D'après (γ), le complexe K_{k+1}/K_k est acyclique et

$$\mathbb{H}(\bar{X}, K_{k+1}) \longrightarrow \mathbb{H}(\bar{X}, K_k) ,$$

d'où

$$\mathbb{H}(\bar{X},K_o) \xrightarrow{\sim} \varinjlim \mathbb{H}(\bar{X},K_k) \xrightarrow{\sim} \mathbb{H}(\bar{X},\varinjlim K_k)$$

$$\simeq \mathbb{H}(\bar{X},j_* \Omega^*_X(\mathcal{V})) \xrightarrow{\sim} \mathbb{H}(X,\Omega^*_X(\mathcal{V})) \quad .$$

Cet isomorphisme prouve 6.20(i). On a de plus par (α)

$$\begin{aligned} \chi_{DR}(\mathcal{V}) &= \chi(\bar{X},\mathcal{V}_1) - \chi(\bar{X},\Omega^1_X\langle Y\rangle \otimes \mathcal{V}_2) \\ &= \chi(\bar{X},\mathcal{V}_1) - \chi(\bar{X},\Omega^1_X\langle Y\rangle \otimes \mathcal{V}_1) - \chi(\bar{X},\Omega^1_X\langle Y\rangle \otimes \mathcal{V}_2/\mathcal{V}_1) \\ &= \dim \mathcal{V}_\Gamma(\chi(\bar{X},\mathcal{O}) - \chi(\bar{X},\Omega^1_X\langle Y\rangle)) - \sum_{x\in Y} i_x(\mathcal{V}) \\ &= n\,\chi(X) - \sum_{x\in Y} i_x(\mathcal{V}) \end{aligned}$$

(6.21.1) $$\chi^{an}_{DR}(\mathcal{V}) - \chi_{DR}(\mathcal{V}) = \sum_{x\in Y} i_x(\mathcal{V}) \quad .$$

Cette formule entraîne 6.20(c) ⟹ (a) . Elle montre aussi que la somme des $i_x(\mathcal{V})$ est indépendante des choix arbitraires utilisés pour chacun des $i_x(\mathcal{V})$, d'où 6.21(i) .

6.22. Prouvons 6.21(ii). Soit e la base $(\nabla^i_\tau v)$ $(0 \le i < n)$ de $\mathcal{V}$, et notons encore $\mathcal{V}$ l'unique prolongement de $\mathcal{V}$ sur $X \cup \{x\}$ tel que e se prolonge en une base de $\mathcal{V}$. Soit Γ la matrice de la connexion dans cette base de $\mathcal{V}$, et dans la base de Ω^1_X duale de τ . Prouvons que

(6.22.1) $$(n+\Gamma)(\mathcal{V}_{(x)}) \supset \mathcal{V}_{(x)} \qquad \text{pour presque tout } n \in \mathbb{Z}$$

On a par calcul direct, du fait que la matrice de Γ n'a qu'une colonne de coefficients présentant des pôles

$$\Gamma = \begin{pmatrix} 0 & & & & a_o \\ 1 & 0 & & O & \vdots \\ & \ddots & \ddots & & \vdots \\ & O & \ddots & 0 & \vdots \\ & & & 1 & a_{n-1} \end{pmatrix}$$

$\dim((n+\Gamma)(\mathcal{V}_{(x)}) + \mathcal{V}_{(x)}/\mathcal{V}_{(x)}) = i_x(\mathcal{V})$.

D'autre part,

$$[(n+\Gamma)(\mathcal{V}_{(x)}) : \mathcal{V}_{(x)}] \underset{\text{dfn}}{=} \dim((n+\Gamma)(\mathcal{V}_{(x)})/(n+\Gamma)(\mathcal{V}_{(x)}) \cap \mathcal{V}_{(x)})$$

$$= - \dim(\mathcal{V}_{(x)}/(n+\Gamma(\mathcal{V}_{(x)}) \cap \mathcal{V}_{(x)})$$

$$= - v_x \det(n+\Gamma) \quad .$$

Pour presque tout n ,

$$- v_x \; Pc(n+\Gamma) = -v_x \; P_c(\Gamma,-n) = i_x(\mathcal{V}) \quad ;$$

(6.22.1) en résulte par comparaison. Soit z une uniformisante en x et posons $\mathcal{V}_1 = \mathcal{V}(Nx)$ et $e_1 = z^{-N}e$. Dans cette nouvelle base, la matrice de la connexion est $\Gamma_1 = \Gamma - N$, de sorte que pour N assez grand on a , pour tout $n \leq 0$

$$(n+\Gamma_1)(\mathcal{V}_{1(x)}) \supset \mathcal{V}_{1(x)} \quad .$$

Définissons $\mathcal{V}_2$ par la formule

$$\mathcal{V}_{2(x)} = \Gamma_1(\mathcal{V}_{1(x)}) \quad .$$

Puisque $\mathcal{V}_1 \subset \mathcal{V}_2$, les conditions (α) et (β) de 6.21 sont vérifiées, et ∇_T envoie $\mathcal{V}_1(kx)$ dans $\mathcal{V}_2(kx)(k \geq 0)$. Enfin, $Gr^k(\nabla)$ de 6.21 s'identifie à la fibre en x de $\Gamma_1 - k : \mathcal{V}_1(n) \longrightarrow \mathcal{V}_{2(n)}$. Ce morphisme est surjectif car

$$(\Gamma_1 - k)(\mathcal{V}_{1(x)}) \supset \mathcal{V}_{1(x)}$$

et

$$(\Gamma_1 - k)(\mathcal{V}_{1(x)}) + \mathcal{V}_{1(x)} \supset \Gamma_1(\mathcal{V}_{1(x)}) = \mathcal{V}_{2(x)} \; .$$

Ceci achève la démonstration de 6.21 et 6.20.

7. Théorème de régularité.

7.1. Dans [8], P. A. Griffiths prouve le théorème de régularité (7.9) ci-dessous dans le cas particulier d'un morphisme projectif génériquement lisse $f : X \longrightarrow \mathbb{P}^1$, et pour des coefficients constants. Le principe de sa méthode est d'estimer directement l'ordre de croissance des sections horizontales de $Rf_* \Omega^*_{X/S}$, et d'appliquer le critère 4.1(iii). Sa méthode, convenablement généralisée, permet de prouver (7.9), mais obtenir (7.11) semble plus difficile. Des résultats analogues, exprimés dans le langage des fonctions de classe de Nilsson, se trouvent dans Nilsson [22] .

Dans [14] , N. Katz donne, dans le cas de coefficients constants, une démonstration "arithmétique" de (7.9). La méthode suivie ici lui est également due. Elle a été retrouvée indépendamment par l'auteur.

7.2. La construction purement algébrique, rappelée en (7.6), de la connexion de Gauss-Manin, est due à Katz-Oda [15] .

7.3. Soient $f : X \longrightarrow S$ une application continue entre espaces topologiques, et $\underline{U} = (U_i)_{i \in I}$ un recouvrement ouvert de X. On pose $\Delta_n = [0,n]$, et, pour $\sigma \in \mathrm{Hom}(\Delta_n, I)$, on désigne par j_σ l'inclusion de $U_\sigma = \bigcap_{i \leq n} U_{\sigma(i)}$ dans X. Pour F un faisceau sur X, on désigne par $f_*(U_\sigma, F)$ le faisceau

$$(fj_\sigma)_* j_\sigma^* F$$

sur S. Les faisceaux sur S

$$f_*(\underline{U},F)(\Delta_n) = \prod_{\mathrm{Hom}(\Delta_n, I)} f_*(U_\sigma, F)$$

forment un système simplicial de faisceaux, fonctoriel en F. Si K est un complexe borné inférieurement de faisceaux sur X, on désigne par $f_*(\underline{U},K)$ le complexe simple associé au complexe double des $f_*(\underline{U},K^n)(\Delta_m)$, dans lequel on prend pour première différentielle celle déduite par fonctorialité de la différentielle d de K :

(7.3.1) $$d = d' + d'' = f_*(\underline{U},d) + (-1)^n \Sigma (-1)^i \partial_i \ .$$

Si I est totalement ordonné, on désigne par $f_*(\underline{U},\mathrm{alt},K)$ le sous-complexe obtenu en se limitant aux applications strictement croissantes $\sigma \in \mathrm{Hom}_<(\Delta_n,I)$

$$f_*(\underline{U},\mathrm{alt},K)^k = \sum_{n+m=k} \prod_{\mathrm{Hom}_<(\Delta_m,I)} f_*(U_\sigma,K^n) .$$

Il est bien connu que

(7.3.2) L'inclusion de $f_*(\underline{U},\mathrm{alt},K)$ dans $f_*(\underline{U},K)$ est une équivalence d'homotopie

(7.3.3) Si, quels que soient n et σ, on a

$$R^i(fj_\sigma)_* \, j_\sigma^* K^n = 0 \qquad \text{pour } i > 0 ,$$

alors

$$\underline{H}^i \, f_*(\underline{U},K) \xrightarrow{\sim} R^i f_* K .$$

7.4. Soient K et L deux complexes sur X. Pour chaque i, soit u_i un morphisme de complexes

(7.4.1) $$u_i : K|U_i \longrightarrow L|U_i ,$$

et pour chaque couple (i,j), soit H_{ij} une homotopie

(7.4.2) $$u_i - u_j = d\,H_{ij} + H_{ij}\,d \qquad (\text{sur } U_i \cap U_j) .$$

On suppose que

(7.4.3) $$H_{ij} + H_{jk} = H_{ik} .$$

On déduit de ces données un morphisme de complexes

(7.4.4) $$u : f_*(\underline{U},K) \longrightarrow f_*(\underline{U},L) ,$$

somme des morphismes d'objets gradués

$$u_1^* = f_*(U_\sigma,u_{\sigma(o)}) : f_*(U_\sigma,K^n) \longrightarrow f_*(U_\sigma,L^n)$$

et

$$u_2 = (-1)^n \prod_{\partial_o\tau=\sigma} H_{\tau(1),\tau(0)} : f_*(U_\sigma,K^n) \longrightarrow \prod_{\partial_o\tau=\sigma} f_*(U \quad ,L^{n-1}) .$$

Indiquons pourquoi $u = u' + u''$ commute à $d = d' + d''$. On a

$$[u\,d] = [u_1 d'] + [u_1 d''] + [u_2 d'] + [u_2 d'']\ .$$

Le crochet $[u_1 d']$ est nul, car les u_i sont des morphismes de complexes. La formule $[u_2 d''] = 0$ est synonyme de 7.4.3.; enfin, $[u_1 d''] = -[u_2 d']$ d'après 7.4.2.

7.5. **Soit $(u_i')_{i\in I}$, $(H_{ij}')_{i,j\in I}$ un nouveau système vérifiant (7.4.1) à (7.4.3),** et soit H_i **une homotopie**

(7.5.1) $$u_i' - u_i = d\,H_i + H_i d\ .$$

On suppose que

(7.5.2) $$H_i + H_{ij} = H_{ij}' + H_j \qquad (\text{sur } U_i \cap U_j)\ .$$

On a alors

$$u' - u = d\,H + H\,d$$

l'homotopie H ayant pour coordonnées non nulles les

$$H_{\sigma(0)} : f_*(U_\sigma, K^n) \longrightarrow f_*(U_\sigma, L^{n-1})$$

On a même, d'après (7.5.1) et (7.5.2) respectivement,

$$u_1' - u_1 = d'H + H\,d'$$

et $$u_2' - u_2 = d''H + H\,d''\ .$$

La formule (7.4.3) implique que $H_{ii} = 0$. Le morphisme (7.4.4) induit donc un morphisme u_{alt} **ou simplement u :**

(7.5.3) $$u_{alt} : f_*(\underline{U}, alt, K) \longrightarrow f_*(\underline{U}, alt, L)\ .$$

De même, sous les hypothèses de (7.5.1) et (7.5.2), u_{alt} et u_{alt}' sont homotopes.

7.6. Soient $f : X \longrightarrow S$ un morphisme lisse de schémas lisses de type fini sur $\mathbb{C}$, $\mathcal{V}$ un fibré vectoriel à connexion intégrable sur X, et V le système local correspondant sur X^{an}. Soient de plus v un champ de vecteurs sur S, $\underline{U} = (U_i)_{i\in I}$

un recouvrement ouvert de X et $\underline{v} = (v_i)_{i \in I}$ une famille de champs de vecteurs v_i sur les U_i qui relèvent v .

Puisque v_i relève un champ de vecteurs sur S , la dérivée de Lie

$$\underline{L}_{v_i} : \Omega^*_{X/S}(\mathcal{V}) \longrightarrow \Omega^*_{X/S}(\mathcal{V})$$

est définie. Elle commute à la différentielle extérieure

(7.6.1) $$[d, \underline{L}_{v_i}] = 0 \quad .$$

Les champs de vecteurs $v_i - v_j$ (sur $U_i \cap U_j$) sont verticaux (i.e. des formes linéaires sur $\Omega^1_{X/S}$) . Ils définissent donc des produits contractés

$$(v_i - v_j) \llcorner : \Omega^p_{X/S}(\mathcal{V}) \longrightarrow \Omega^{p-1}_{X/S}(\mathcal{V}) \quad ,$$

et la formule d'homotopie de Cartan s'écrit

(7.6.2) $$\underline{L}_{v_i} - \underline{L}_{v_j} = d \circ ((v_i - v_j) \llcorner) + (v_i - v_j) \llcorner \circ d \quad .$$

De plus

(7.6.3) $$(v_i - v_j) \llcorner + (v_j - v_k) \llcorner = (v_i - v_k) \llcorner \quad .$$

La construction 7.4 nous fournit dès lors un morphisme

$$\theta(\underline{v}) : f_*(\underline{U}, \Omega^*_{X/S}(\mathcal{V})) \longrightarrow f_*(\underline{U}, \Omega^*_{X/S}(\mathcal{V})) \quad .$$

D'après 7.5, les $\underline{H}^i(\theta(\underline{v}))$ ne dépendent que de $\underline{v}$, et non du choix des relèvements v_i (prendre $H_i = (v'_i - v_i) \llcorner$) . Si S est séparé et si $\underline{U}$ est un recouvrement ouvert affine de X , alors (7.3.3), on a

$$\underline{H}^i f_*(\underline{U}, \Omega^*_{X/S}(\mathcal{V})) \xrightarrow{\sim} R^i f_* \, \Omega^*_{X/S}(\mathcal{V})$$

et $\underline{H}^i(\theta(\underline{v}))$ est un endomorphisme ne dépendant que de $\underline{v}$ de $R^i f_* \, \Omega^*_{X/S}(\mathcal{V})$.

Si $\mathcal{V}$ est régulier, si V est le système local sur X^{an} qu'il définit et si les conditions (i) à (iii) de (6.13) sont vérifiées, on désignera par ∇ la connexion de Gauss-Manin sur

$$(R^i f_*(\Omega^*_{X/S}(\mathcal{V})))^{an} \simeq R^i f^{an}_*(\Omega^*_{X^{an}/S^{an}}(\mathcal{V})) \simeq R^i f^{an}_*(V) \otimes_{\mathbb{C}} \mathcal{O}_{S^{an}} .$$

Proposition 7.7. (Katz-Oda [15]) Sous les hypothèses de 7.6 avec X et S séparés et U affine, si $\mathcal{V}$ est régulier et si l'hypothèse de 6.14 est vérifiée, alors l'endomorphisme $\underline{H}^i(\theta(\underline{v}))$ de $R^i f_* \Omega^*_{X/S}(\mathcal{V})$ "coïncide" avec l'endomorphisme ∇_v de $(R^i f_* \Omega^*_{X/S}(\mathcal{V}))^{an}$.

Soit ϵ l'application continue identique de X^{an} dans X . Si $\underline{U}$ est un recouvrement ouvert de Stein de X^{an} et $\underline{v}$ une famille de relèvements holomorphes de v , la construction 7.4 fournit un endomorphisme $\theta^{an}(\underline{v})$ de $R^i f^{an}_* (\Omega^*_{X^{an}/S^{an}}(\mathcal{V}))$.

De même, soient $\mathcal{O}_\infty$ le faisceau des fonctions C^∞ à valeurs complexes sur S , $\Omega^*_{\infty X/S}(\mathcal{V})$ le complexe des formes différentielles relatives C^∞ sur X , à valeurs dans $\mathcal{V}$, $\underline{U}$ un recouvrement ouvert de X , et $\underline{v}$ une famille de relèvements C^∞ de v . La construction 7.4 fournit un endomorphisme $\theta^\infty(\underline{v})$ de $R^i f^{an}_*(\Omega^*_{\infty X/S}(\mathcal{V}))$. Ces endomorphismes ne dépendent ni du choix de $\underline{U}$, ni du choix de $\underline{v}$, et sont compatibles aux inclusions

$$\begin{array}{ccccc} \epsilon^\cdot R^i f_*(\Omega^*_{X/S}(\mathcal{V})) & \hookrightarrow & R^i f^{an}_*(\Omega^*_{X^{an}/S^{an}}(\mathcal{V})) & \longrightarrow & R^i f^{an}_*(\Omega^*_{\infty X/S}(\mathcal{V})) \\ & & \| & & \| \\ & & R^i f^{an}_*(V) \otimes_{\mathbb{C}} \mathcal{O}_{S^{an}} & \longrightarrow & R^i f^{an}_*(V) \otimes_{\mathbb{C}} \mathcal{O}_\infty \end{array} .$$

Il suffit donc de vérifier que $\theta^\infty(\underline{v})$ coïncide avec la connexion de Gauss-Manin. Pour calculer $\theta^\infty(\underline{v})$, on peut prendre $\underline{U} = \{X\}$, prendre pour $\underline{v}$ un relèvement C^∞ v_o de v et travailler avec le complexe $f_*(\underline{U},\mathrm{alt},\Omega^*_{\infty X/S}(\mathcal{V}))$. On a

$$f_*(\underline{U},\mathrm{alt},\Omega^*_{\infty X/S}(\mathcal{V})) = f_*(\Omega^*_{\infty X/S}(\mathcal{V}))$$

et $\theta(\underline{v})$ n'est autre que la dérivée de Lie selon v_o , qui induit évidemment ∇_v sur la cohomologie.

7.8. Soients $f : X \longrightarrow S$ un morphisme lisse de schémas lisses de type fini sur

$\mathbb{C}$ et $\mathcal{V}$ un fibré vectoriel à connexion intégrable sur X . Le lecteur trouvera démontré dans Katz-Oda [15] que la construction 7.6 fournit toujours une connexion intégrable, dite de <u>Gauss-Manin</u>, sur les faisceaux quasi-cohérents $R^i f_* \Omega^*_{X/S}(\mathcal{V})$. Nous n'utiliserons pas ce fait.

<u>Théorème</u> 7.9. <u>Soit</u> $f : X \longrightarrow S$ <u>un morphisme lisse de schémas lisses de type fini sur</u> $\mathbb{C}$, <u>vérifiant les conclusions</u> (i) <u>à</u> (iii) <u>de</u> 6.13. <u>Si</u> $\mathcal{V}$ <u>est un fibré vectoriel à connexion intégrable régulière sur</u> X , <u>alors la connexion de Gauss-Manin sur</u> $R^i f_*(\Omega^*_{X/S}(\mathcal{V}))$ <u>est régulière</u>.

D'après 4.6(iii), il suffit de prouver 7.4 après avoir remplacé S par un ouvert de Zariski dense. D'après 6.13 et la définition 4.4(iii) des connexions régulières, il suffit de traiter le cas où S est séparé de dimension un.

Si $\underline{U} = (U_i)_{i \in I}$ est un recouvrement ouvert fini de X , il existe un ouvert de Zariski dense S_1 de S tel que, pour j un morphisme d'inclusion

$$j : U_{i_r} \cap \ldots \cap U_{i_p} \hookrightarrow X \ ,$$

les $\mathcal{O}_{S_1}$ - modules

$$(7.9.1) \qquad R^i(fj)_* \, j^*(\Omega^*_{X/S}(\mathcal{V}))|S_1$$

soient localement libres. La suite spectrale de Leray pour $\underline{U}$ induit alors une suite spectrale de $\mathcal{O}_{S_1}$ - modules localement libres à connexion, les différentielles d_2 étant horizontales. D'après (4.6)(i), il suffit de vérifier que les connexions de Gauss-Manin sur les $\mathcal{O}_{S_1}$ - modules (7.9.1) soient régulières. Ceci nous permet de supposer que f se factorise par un morphisme propre. En rétrécissant davantage S_1 , et en utilisant la résolution des singularités, on voit que ceci nous ramène au cas crucial où les conditions suivantes sont vérifiées (cf. démonstration de 6.14 $\Longrightarrow$ 6.13).

(7.9.2) S est le complément, dans une courbe projective et lisse $\bar{S}$, d'un ensemble fini T de points ; X est le complément, dans un schéma propre et lisse $\bar{X}$, d'un diviseur à croisements normaux Y ; f est la restriction à X d'un morphisme $\bar{f} : \bar{X} \longrightarrow \bar{S}$ tel que $Y \supset f^{-1}(T)$; $\bar{f}^{-1}(S)$ est lisse sur S, et $Y \cap \bar{f}^{-1}(S)$ est un diviseur à croisements normaux relatifs sur S.

$$\begin{array}{ccccccc} X & \hookrightarrow & \bar{X} & \hookleftarrow & Y & \hookleftarrow & f^{-1}(T) \\ \downarrow & & \downarrow & & & & \downarrow \\ S & \longrightarrow & \bar{S} & & \longleftarrow & & T \end{array} .$$

Désignons encore par $\mathcal{V}$ un prolongement localement libre de $\mathcal{V}$ sur $\bar{X}$, vérifiant les deux conditions :

(7.9.3) La matrice de la connexion de $\mathcal{V}|X$ présente au pis des pôles logarithmiques le long de Y.

(7.9.4) Les résidus de la connexion le long des diverses composantes de $Y \cap f^{-1}(S)$ n'admettent aucun entier strictement positif pour valeur propre.

L'hypothèse (7.9.4) garantit (3.14 (i)) que

(7.9.5) $$R^i f_*(\Omega^*_{f^{-1}(S)/S} \langle Y \rangle(\mathcal{V})) \xrightarrow{\sim} R^i f_*(\Omega^*_{X/S}(\mathcal{V})) .$$

Désignons par $R^i_o(\bar{f})$ le module localement libre sur $\bar{S}$ quotient de $R^i \bar{f}_*(\Omega^*_{\bar{X}/\bar{S}} \langle Y \rangle(\mathcal{V}))$ (3.3.3 , 3.3.2) par son sous-faisceau de torsion. Soit V le système local sur X^{an} défini par $\mathcal{V}$. D'après 6.14, on a

$$R^i_o(\bar{f})^{an}|S \simeq R^i f^{an}_* V \otimes_{\mathbb{C}} \mathcal{O}_{S^{an}} .$$

__Lemme__ 7.10. __La connexion de Gauss-Manin sur__ $R^i_o(\bar{f})|S$ __présente au pis un pôle simple en tout point__ $t \in T$.

Soit $t \in T$ et soit v un champ de vecteur sur S, défini au voisinage de t, qui s'annule simplement en t. Il suffit de vérifier que les endomorphismes (7.6) $\underline{H}^i\, \theta(\underline{v}) = \nabla_v$ des faisceaux $R^i_o(\bar{f})|S$ se prolongent en des endomorphismes des faisceaux $R^i_o(\bar{f})$.

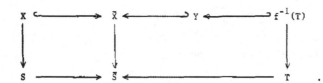

Soit $\underline{U} = (U_i)_{i \in I}$ un recouvrement ouvert affine de $\overline{X}$. D'après 3.3.2.3 (ou plutôt sa variante 3.3.3), on peut relever v en une famille $\underline{v}$ de champs de vecteurs v_i sur les U_i , tels que

(7.10.1) $$< v_i , \Omega^*_{\overline{X}} <Y> > \subset \mathcal{O}_{U_i} \quad .$$

De (7.10.1), on tire que

(7.10.2) $$v_i \llcorner \Omega^*_{\overline{X}} <Y> \subset \Omega^*_{\overline{X}} <Y> \qquad (\text{sur } U_i)$$

puisque $\Omega^p_{\overline{X}} <Y> = \overset{p}{\wedge} \Omega^1_{\overline{X}} <Y>$. La dérivée de Lie vérifiant

$$\underline{L}_{v_i} = d \circ (v_i \llcorner) + (v_i \llcorner) \circ d \quad ,$$

on a aussi

(7.10.3) $$\underline{L}_{v_i} \Omega^*_{\overline{X}} <Y> \subset \Omega^*_{\overline{X}} <Y> \qquad (\text{sur } U_i) \quad .$$

Puisque $\Omega^*_{\overline{X}/\overline{S}} <Y>$ est une image homomorphe de $\Omega^*_{\overline{X}} <Y>$ (3.3.2) , on a

(7.10.4) $$(v_i - v_j) \llcorner \Omega^*_{\overline{X}/\overline{S}} <Y> \subset \Omega^*_{\overline{X}/\overline{S}} <Y> \qquad (\text{sur } U_i \cap U_j)$$

(7.10.5) $$\underline{L}_{v_i} \Omega^*_{\overline{X}/\overline{S}} <Y> \subset \Omega^*_{\overline{X}/\overline{S}} <Y> \qquad (\text{sur } U_i) \quad .$$

D'après (7.9.3), $\nabla_{v_i}(\mathcal{V}) \subset \mathcal{V}$; ceci, joint à (7.10.4) et (7.10.5), nous fournit

(7.10.6) $$(v_i - v_j) \llcorner \Omega^*_{\overline{X}/\overline{S}} <Y>(\mathcal{V}) \subset \Omega^*_{\overline{X}/\overline{S}} <Y>(\mathcal{V}) \qquad (\text{sur } U_i \cap U_j)$$

(7.10.7) $$\underline{L}_{v_i} \Omega^*_{\overline{X}/\overline{S}} <Y>(\mathcal{V}) \subset \Omega^*_{\overline{X}/\overline{S}} <Y>(\mathcal{V}) \qquad (\text{sur } U_i) \quad .$$

La construction générale (7.4) associe aux $\underline{L}_{v_i}$ et aux $(v_i - v_j) \llcorner$ un endomorphisme $\theta(\underline{v})$ de $R^* f_* (\Omega^*_{\overline{X}/\overline{S}} <Y>(\mathcal{V}))$. Cet endomorphisme est compatible, via (7.9.5) à l'endomorphisme de même nom de $R^* f_* (\Omega^*_{X/S}(\mathcal{V}))$. D'après 7.7, il s'identifie à ∇_v . Ceci prouve 7.10 et achève la démonstration de 7.9.

La variante suivante de 7.9 se prouve comme 7.10 .

Proposition 7.11. Soient D le disque unité, $D^* = D - \{0\}$, X un espace analytique lisse, $f : X \longrightarrow D$ une application propre, Y un diviseur à croisements normaux de X tel que $Y \supset f^{-1}(0)$, $X^* = X - Y$, $\mathcal{V}$ un fibré vectoriel sur X, Γ une connexion intégrable sur $\mathcal{V}|X^*$, qui vérifie (7.9.3) et (7.9.4) et V le système local correspondant sur X^{*an}. On suppose que $f|f^{-1}(D^*)$ est lisse et que $Y \cap f^{-1}(D^*)$ est un diviseur à croisements normaux relatifs. Posons

$$R^i_o(f) = R^i f_* \, \Omega^*_{X/D}\langle Y\rangle(\mathcal{V})/\text{torsion en } \{0\} .$$

Alors

$$R^i_o(f)\,|D^* \xrightarrow{\sim} R^i f_* \, V \otimes_{\mathbb{C}} \mathcal{O}_{D^*}$$

et la connexion correspondante sur $R^i_o(f)\,|D^*$ présente au pis un pôle simple en 0.

III. Applications et exemples.

1. Fonctions de classe de Nilsson.

1.1. Soit X une variété algébrique complexe non singulière, connexe et munie d'un point base x_o. On désigne par $\widetilde{X}$ le revêtement universel de (X,x_o) et par $\widetilde{x}_o$ le point base de $\widetilde{X}$. On suppose donnée une représentation complexe W_o de dimension finie d de $\pi_1(X,x_o)$ munie d'un vecteur cyclique w_o. On désigne par W le système local correspondant (I 1.4) et par $\mathcal{W}$ le fibré vectoriel algébrique à connexion intégrable régulière muni d'un isomorphisme de $\pi_1(X,x_o)$-représentations (II 5.7)

$$\mathcal{W}_{x_o} \simeq W \quad .$$

Enfin, on désigne par w la section horizontale multiforme de $\mathcal{W}^{an}$ de détermination de base w_o.

<u>Définition</u> 1.2. <u>Une</u> section de classe de Nilsson <u>d'un fibré vectoriel</u> algébrique $\mathcal{V}$ <u>sur</u> X <u>est une section holomorphe multiforme de détermination finie de</u> $\mathcal{V}$ (I 6.7), <u>ayant une croissance modérée à l'infini</u> (II 2.23(iv)).

Pour $\mathcal{V} = \mathcal{O}$, on parle de <u>fonction de classe de Nilsson</u>.

Les deux théorèmes suivants seront démontrés simultanément en 1.5. Le premier exprime que pour une fonction <u>de détermination finie</u>, diverses variantes de la condition de croissance modérée à l'infini sont équivalentes entre elles.

<u>Théorème</u> 1.3. <u>Soit</u> s <u>une section holomorphe multiforme de détermination finie d'un fibré vectoriel algébrique sur</u> X. <u>Les conditions suivantes sont équivalentes</u> :

(i) s <u>est de classe de Nilsson</u> ;

(ii) <u>la restriction de</u> s <u>à toute courbe algébrique lisse</u> (<u>localement fermée</u>) <u>tracée sur</u> X <u>est de classe de Nilsson</u>.

Si X est un ouvert de Zariski d'une variété $\bar{X}$ compacte et normale, ces conditions équivalent encore à

(iii) Toute composante irréductible de codimension un dans $\bar{X}$ de $\bar{X}-X$ contient un ouvert non vide U le long duquel s a une croissance modérée.

On ne restreint pas la généralité, dans (iii), en supposant que $X \cup U \subset \bar{X}$ est lisse, et que U y est un diviseur lisse. Au contraire de (i), les conditions (ii) et (iii) ne font donc pas appel à la théorie de Lojasiewicz. Il résulte de (iii) que si $\mathrm{codim}(\bar{X}-X) \geq 2$, une fonction de détermination finie est automatiquement de classe de Nilsson.

Pour X de dimension un, le théorème suivant est dû à Plemelj [23].

Théorème 1.4. Soit $\mathcal{V}$ un fibré vectoriel algébrique sur X. La fonction "évaluation en w" qui à chaque $f \in \mathrm{Hom}(\mathcal{W},\mathcal{V})$ (algébrique) associe la section f(w) de $\mathcal{V}^{an}$ est une bijection entre $\mathrm{Hom}(\mathcal{W},\mathcal{V})$ et l'ensemble des sections de classe de Nilsson de $\mathcal{V}$ de monodromie subordonnée à (W_o,w_o).

1.5. Prouvons 1.3 et 1.4. On a vu en (I 6.11) que la fonction $E_w : f \longmapsto f(w)$ identifie $\mathrm{Hom}(\mathcal{W}^{an},\mathcal{V}^{an})$ à l'ensemble des sections holomorphes multiforme de détermination finie de $\mathcal{V}^{an}$, de monodromie subordonnée à (W_o,w_o). Il nous reste donc à prouver que f est algébrique si et seulement si f(w) vérifie (1.3)(i) (resp(1.3)(ii), resp (1.3)(iii)).

D'après 4.1(iii), la "section" w de $\mathcal{W}$ est de classe de Nilsson, de sorte que pour f algébrique, f(w) vérifie (1.3)(i). Trivialement, (1.3)(i) $\Longrightarrow$ (1.3)(ii) et (iii).

Soit $e : \mathcal{O}^d \longrightarrow \mathcal{W}$ une base multiforme de $\mathcal{W}$, formée de déterminations de w. Puisque $\mathcal{W}$ est régulier, e^{-1} a une croissance modérée à l'infini. Pour $f : \mathcal{W}^{an} \longrightarrow \mathcal{V}^{an}$, les $f(e_i)$ sont des déterminations de f(w). De là, et de la formule $f = f\, e\, e^{-1}$, on déduit que

a) si $f(w)$ vérifie 1.3(ii), alors la restriction de $f \in H^{o}(\underline{Hom}(\mathfrak{W},\mathcal{V})^{an})$ à toute courbe est à croissance modérée

b) si $f(w)$ vérifie 1.3(iii), alors f est à croissance modérée près d'un ouvert non vide de chaque composante irréductible de codimension 1 de $\bar{X} - X$.

D'après I 2.24 , sous chacune de ces hypothèses, f est algébrique.

Corollaire 1.5. Sous les hypothèses de 1.4, si X est affine, d'anneau de coordonnées A , et si $\mathcal{V}$ est de rang m , alors l'ensemble des sections de classe de Nilsson de $\mathcal{V}$, de monodromie subordonnée à (W_o,w_o) , est un A-module projectif de rang dm .

Remarque 1.6. Une fonction méromorphe de classe de Nilsson est par définition une section de classe de Nilsson d'un faisceau $\mathcal{O}(D)$ pour D diviseur suffisamment positif ($\mathcal{O}(D)$ = faisceau des fonctions méromorphes f telles que $\mathrm{div}(f) \geq -D$). Il résulte de 1.5 que l'ensemble des fonctions méromorphes de classe de Nilsson de monodromie subordonnée à (W_o,w_o) est un vectoriel de dimension d sur le corps des fonctions rationnelles de X .

1.7. Soit $f : X \longrightarrow S$ un morphisme lisse, avec S lisse. D'après 1.4, l'ensemble des p-formes différentielles relatives de classe de Nilsson sur X , fermées et de monodromie subordonnées à (W_o,w_o) , s'identifient à l'espace

$$H^{o}(S,\mathrm{Ker}(d : f_* \Omega^{p}_{X/S}(\mathfrak{W}^{\vee}) \longrightarrow f_* \Omega^{p+1}_{X/S}(\mathfrak{W}^{\vee})))$$

Soit U' un ouvert de Zariski dense de S tel que au-dessus de U' , f soit localement C^{∞} - trivial. Les groupes d'homologie $H_p(X_s^{an},W)$ forment alors un système local H sur U'.

Désignons par $<,>$ l'accouplement de faisceaux sur un ouvert de Zariski dense assez petit $U \subset U'$ (II 6.13)

$$\begin{aligned} H \otimes \mathrm{Ker}(d : f_* \Omega^{p}_{X/S}(\mathfrak{W}^{\vee}) \longrightarrow \ldots) &\longrightarrow H \otimes R^{p} f_* \Omega^{*}_{X/S}(\mathfrak{W}^{\vee}) \\ &\longrightarrow H \otimes R^{p} f^{an}_* W^{\vee} \otimes \mathcal{O}^{an}_S \longrightarrow \mathcal{O}^{an}_S \end{aligned}$$

.

On appelle <u>période</u> d'une p-forme de classe de Nilsson relative fermée α du type considéré plus haut toute fonction multiforme sur U de la forme $< h,\alpha >$ pour h section (horizontale) multiforme de H . Une période est donc une fonction multiforme de détermination finie de monodromie subordonnée à H . Les théorèmes (1.4) (II 6.13) nous fournissent alors le théorème essentiellement équivalent à (II 7.4).

<u>Théorème</u> 1.8. <u>Sous les hypothèses</u> 1.7, <u>les périodes d'une</u> p-<u>forme différentielle relative fermée de classe de Nilsson sur</u> X <u>sont des fonctions de classe de Nilsson sur un ouvert de Zariski dense convenable de</u> S .

2. Le théorème de monodromie (d'après Brieskorn).

La démonstration du théorème de monodromie donnée dans ce § est due à Brieskorn [5] .

2.1. Soit S une courbe algébrique lisse sur $\mathbb{C}$, déduite d'une courbe projective et lisse $\bar{S}$ par soustraction d'un ensemble fini T de points. Pour $t \in T$, le groupe de monodromie locale en t , ou groupe fondamental local de S en t , est le groupe fondamental de $D - \{t\}$, pour D petit disque centré en t . Ce groupe est canoniquement isomorphe à $\mathbb{Z}$, et on appelle son générateur canonique la "transformation de monodromie" .

Si V est un système local de $\mathbb{C}$-vectoriels sur S , le groupe de monodromie locale en t agit sur $V|(D-\{t\})$. Si V est le complexifié d'un système local de $\mathbb{Z}$-modules de type fini, alors le polynôme caractéristique de la transformation de monodromie est à coefficients entiers.

Rappelons qu'une substitution linéaire est dite quasi-unipotente si une de ses puissances est unipotente. Un système local de $\mathbb{C}$-vectoriels sur S est dit <u>quasi-unipotent</u> (resp <u>unipotent</u>) <u>à l'infini</u> si pour tout $t \in T$, la transformation de monodromie correspondante est quasi-unipotente (resp unipotente).

Exemple 2.2. Soient $X = SL_2(\mathbb{R})/SO_2(\mathbb{R})$ le demi-plan de Poincaré et Γ un sous-groupe discret sans torsion de $SL_2(\mathbb{R})$, tel que $\Gamma\backslash SL_2(\mathbb{R})$ soit de volume fini. On sait alors que $\Gamma\backslash X$ est une courbe algébrique, de groupe fondamental Γ. Chaque représentation complexe de dimension finie ρ de Γ définit donc un système local V_ρ sur $\Gamma\backslash X$ (et réciproquement). Pour que V_ρ soit unipotent à l'infini, il faut et il suffit que pour tout élément γ de Γ, unipotent dans $SL_2(\mathbb{R})$, $\rho(\gamma)$ soit unipotent.

Théorème 2.3. Soient S comme en 2.1, i un entier et $f : X \longrightarrow S$ un morphisme lisse. On suppose que $R^i f_* \mathbb{C}$ est un système local (i.e. est localement constant) (cf. II 6.13). Alors, $R^i f_* \mathbb{C}$ est quasi-unipotent à l'infini.

La démonstration repose sur (II 7.4) et sur le théorème suivant de Gelfond ([6], ou [2]) :

(*) Si α et $\exp(2\pi i\alpha)$ sont des nombres algébriques, alors α est rationnel.

Un corollaire immédiat de (*) est

($\ast\ast$) Si N est une matrice à coefficients dans un sous-corps K de $\mathbb{C}$, et si pour tout plongement $\sigma : K \longrightarrow \mathbb{C}$, le polynôme caractéristique de $\exp(2\pi i\, \sigma(N))$ est à coefficients entiers, alors $\exp(2\pi i\, N)$ est quasi-unipotent.

Soit en effet α une valeur propre de N dans une extension K' de K. Pour tout plongement σ de K' dans $\mathbb{C}$, $\exp(2\pi i\, \sigma(\alpha))$ est algébrique. On en déduit tout d'abord que α est algébrique, sans quoi $\sigma(\alpha)$ pourrait prendre toute valeur non algébrique. Le théorème (*) montre alors que α est rationnel, de sorte que les valeurs propres $\exp(2\pi i\, \alpha)$ de $\exp(2\pi i\, N)$ sont des racines de l'unité.

Prouvons 3.3. Quitte à rétrécir S, on peut supposer que $\underline{H} = R^i f_* \Omega^*_{X/S}$ est localement libre.

Soit K un sous-corps de $\mathbb{C}$, tel que f, X, S, $\bar{S}$ et les points de T soient définissables sur K, i.e. proviennent par extension des scalaires $\sigma_o : K \longrightarrow \mathbb{C}$, de

$$f_o : X_o \longrightarrow S_o \quad \text{et} \quad T_o \subset \bar{S}_o(K) \quad .$$

La connexion de Gauss-Manin sur $\underline{H}_o = R^i f_* \Omega^*_{X_o/S_o}$ est régulière (II 7.4) . Il existe donc une extension de $\underline{H}'_o$ en un fibré vectoriel sur $\bar{S}_o$ tel que la connexion présente au pis un pôle simple en chaque $t \in T_o$. Soit N_t la matrice du résidu de la connexion en $t \in T_o$, dans une base de $(\underline{H}'_o)_t$.

Pour tout plongement $\sigma : K \longrightarrow C$, f_o définit par extension des scalaires

$$f_{(\sigma)} : X_{(\sigma)} \longrightarrow S_{(\sigma)}$$

et $\underline{H}_{(\sigma)} = R^i f_{(\sigma)*} \Omega^*_{X_{(\sigma)}/S_{(\sigma)}}$ se déduit par extension des scalaires de $\underline{H}_o$. D'après (II 1.17.1), $\exp(2\pi i\ \sigma/N_t))$ a même polynôme caractéristique que la transformation de monodromie locale en t agissant sur $R^i f_{(\sigma)*}\mathbb{C}$. D'après 3.1, $\exp(2\pi i\ \sigma(N_t)$ a donc un polynôme caractéristique à coefficients entiers, et, par ($\ast$) , $\exp(2\pi i\ N_t)$ est quasi-unipotent, d'où 2.3 .

Index terminologique

Bibliographie.

[1] ATIYAH M. and HODGE W.L. - Integrals of the second kind on an algebraic variety. Ann. of Math. 62 (1955) p. 56-91.

[2] BAILY W.L. and BOREL A. - Compactification of arithmetic quotients of bounded domains. Ann. of Math. 84 2 (1966) 442-528.

[3] BAKER A. - Linear forms in the logarithms of algebraic numbers II. Mathematika 14 1967 p. 102-107.

[4] BERTHELOT P. - Cohomologie p-cristalline des schémas. CR Acad. Sci. Paris t 269 1969 p. 297-300, 357-360 et 397-400.

[5] BRIESKORN E. - Die monodromie der isolierten singularitäten von hyperflächen. Manuscripta math. 1970.

[6] GELFOND A. - Sur le septième problème de D. Hilbert. Doklady Akad. Nauk. URSS 2 1934 p. 4-6.

[7] GODEMENT R. - Théorie des faisceaux. Publ. Inst. Math. Strasbourg. Hermann.

[8] GRIFFITHS P.A. - Some results on Moduli and Periods of Integrals on Algebraic Manifolds III. Notes miméographiées de Princeton.

[9] GROTHENDIECK A. - On the De Rham cohomology of algebraic varieties. Publ. Math. IHES 29-1966 p. 95-103.

[10] GROTHENDIECK A. - Crystals and the De Rham cohomology of schemes (Notes by I. Coates and O. Jussila). IHES 1966. in : dix exposés sur la cohomologie des schémas. North Holl. Publ. Co. 1968.

[11] GUNNING R. - Lectures on Riemann surfaces. Princeton Math. Notes.

[12] HIRONAKA H. - Resolution of singularities of an algebraic variety over a field of characteristic zero I II - Ann. of Math. 79 1964 n°1 et n°2.

[13] INCE E. L. - Ordinary differential equations. 1926. Dover, New-York 1956.

[14] KATZ N. - Nilpotent connections and the monodromy theorem. Applications of a result of Turrittin. A paraître aux Publ. Math. IHES.

[15] KATZ N. and ODA T. - On the differentiation of De Rham cohomology classes with respect to parameters. J. Math. Kyoto Univ. 8 1968 p. 199-213.

[16] LERAY J. - Un complément au théorème de N. Nilsson sur les intégrales de formes différentielles à support singulier algébrique. Bull. Soc. Math. France 95 1967 p. 313-374.

[17] LOJASIEWICZ S. - Triangulation of semi-analytic sets. Annali della Scuola Normale Sup. di Pisa Ser III 18 4 (1964) p. 449-474.

[18] LOJASIEWICZ S. - notes miméographiées par l'IHES.

[19] MANIN Y. - Moduli Fuchsiani. Annali Scuola Normale Sup. di Pisa Ser III 19 (1965) p. 113-126.

[20] NAGATA M. - Embedding of an abstract variety in a complete variety. J. Math. Kyoto 2 1 (1962) p. 1-10.

[21] NAGATA M.- A generalization of the embedding problem. J. Math. Kyoto 3 1 (1963) p. 89-102.

[22] NILSSON N. - Some growth and ramification properties of certain integrals on algebraic manifolds. Arkiv för Math. 5 1963-65 p. 527-540.

[23] PLEMELJ J. - dans : Monatsch. Math. Phys. 19 (1908) p. 211.

[24] SERRE J.P. - Géométrie algébrique et géométrie analytique. Ann. Inst. Fourrier. Grenoble 6 (1956) cité GAGA.

[25] TURRITTIN H.L. - Convergent solutions of ordinary homogeneous differential equations in the neighbourhood of a singular point. Acta Math. 93 (1955) p. 27-66.

[26] TURRITIN H.L. - Asymptotic expansions of solutions of systems of ordinary linear differential equations containing a parameter. in S. Lefschetz (ed.). Contributions to the theory of nonlinear oscillations. Ann. of Math. St. Princeton 29 (1952).

Lecture Notes in Mathematics

Bisher erschienen/Already published

Vol. 1: J. Wermer, Seminar über Funktionen-Algebren. IV, 30 Seiten. 1964. DM 3,80 / $ 1.10

Vol. 2: A. Borel, Cohomologie des espaces localement compacts d'après. J. Leray. IV, 93 pages. 1964. DM 9,– / $ 2.60

Vol. 3: J. F. Adams, Stable Homotopy Theory. Third edition. IV, 78 pages. 1969. DM 8,– / $ 2.20

Vol. 4: M. Arkowitz and C. R. Curjel, Groups of Homotopy Classes. 2nd. revised edition. IV, 36 pages. 1967. DM 4,80 / $ 1.40

Vol. 5: J.-P. Serre, Cohomologie Galoisienne. Troisième édition. VIII, 214 pages. 1965. DM 18,– / $ 5.00

Vol. 6: H. Hermes, Term Logic with Choise Operator. III, 55 pages. 1970. DM 6,– / $ 1.70

Vol. 7: Ph. Tondeur, Introduction to Lie Groups and Transformation Groups. Second edition. VIII, 176 pages. 1969. DM 14,– / $ 3.80

Vol. 8: G. Fichera, Linear Elliptic Differential Systems and Eigenvalue Problems. IV, 176 pages. 1965. DM 13,50 / $ 3.80

Vol. 9: P. L. Ivănescu, Pseudo-Boolean Programming and Applications. IV, 50 pages. 1965. DM 4,80 / $ 1.40

Vol. 10: H. Lüneburg, Die Suzukigruppen und ihre Geometrien. VI, 111 Seiten. 1965. DM 8,– / $ 2.20

Vol. 11: J.-P. Serre, Algèbre Locale. Multiplicités. Rédigé par P. Gabriel. Seconde édition. VIII, 192 pages. 1965. DM 12,– / $ 3.30

Vol. 12: A. Dold, Halbexakte Homotopiefunktoren. II, 157 Seiten. 1966. DM 12,– / $ 3.30

Vol. 13: E. Thomas, Seminar on Fiber Spaces. IV, 45 pages. 1966. DM 4,80 / $ 1.40

Vol. 14: H. Werner, Vorlesung über Approximationstheorie. IV, 184 Seiten und 12 Seiten Anhang. 1966. DM 14,– / $ 3.90

Vol. 15: F. Oort, Commutative Group Schemes. VI, 133 pages. 1966. DM 9,80 / $ 2.70

Vol. 16: J. Pfanzagl and W. Pierlo, Compact Systems of Sets. IV, 48 pages. 1966. DM 5,80 / $ 1.60

Vol. 17: C. Müller, Spherical Harmonics. IV, 46 pages. 1966. DM 5,– / $ 1.40

Vol. 18: H.-B. Brinkmann und D. Puppe, Kategorien und Funktoren. XII, 107 Seiten, 1966. DM 8,– / $ 2.20

Vol. 19: G. Stolzenberg, Volumes, Limits and Extensions of Analytic Varieties. IV, 45 pages. 1966. DM 5,40 / $ 1.50

Vol. 20: R. Hartshorne, Residues and Duality. VIII, 423 pages. 1966. DM 20,– / $ 5.50

Vol. 21: Seminar on Complex Multiplication. By A. Borel, S. Chowla, C. S. Herz, K. Iwasawa, J.-P. Serre. IV, 102 pages. 1966. DM 8,– / $ 2.20

Vol. 22: H. Bauer, Harmonische Räume und ihre Potentialtheorie. IV, 175 Seiten. 1966. DM 14,– / $ 3.90

Vol. 23: P. L. Ivănescu and S. Rudeanu, Pseudo-Boolean Methods for Bivalent Programming. 120 pages. 1966. DM 10,– / $ 2.80

Vol. 24: J. Lambek, Completions of Categories. IV, 69 pages. 1966. DM 6,80 / $ 1.90

Vol. 25: R. Narasimhan, Introduction to the Theory of Analytic Spaces. IV, 143 pages. 1966. DM 10,– / $ 2.80

Vol. 26: P.-A. Meyer, Processus de Markov. IV, 190 pages. 1967. DM 15,– / $ 4.20.

Vol. 27: H. P. Künzi und S. T. Tan, Lineare Optimierung großer Systeme. VI, 121 Seiten. 1966. DM 12,– / $ 3.30

Vol. 28: P. E. Conner and E. E. Floyd, The Relation of Cobordism to K-Theories. VIII, 112 pages. 1966. DM 9,80 / $ 2.70

Vol. 29: K. Chandrasekharan, Einführung in die Analytische Zahlentheorie. VI, 199 Seiten. 1966. DM 16,80 / $ 4.70

Vol. 30: A. Frölicher and W. Bucher, Calculus in Vector Spaces without Norm. X, 146 pages. 1966. DM 12,– / $ 3.30

Vol. 31: Symposium on Probability Methods in Analysis. Chairman. D. A. Kappos. IV, 329 pages. 1967. DM 20,– / $ 5.50

Vol. 32: M. André, Méthode Simpliciale en Algèbre Homologique et Algèbre Commutative. IV, 122 pages. 1967. DM 12,– / $ 3.30

Vol. 33: G. I. Targonski, Seminar on Functional Operators and Equations. IV, 110 pages. 1967. DM 10,– / $ 2.80

Vol. 34: G. E. Bredon, Equivariant Cohomology Theories. VI, 64 pages. 1967. DM 6,80 / $ 1.90

Vol. 35: N. P. Bhatia and G. P. Szegö, Dynamical Systems. Stability Theory and Applications. VI, 416 pages. 1967. DM 24,– / $ 6.60

Vol. 36: A. Borel, Topics in the Homology Theory of Fibre Bundles. VI, 95 pages. 1967. DM 9,– / $ 2.50

Vol. 37: R. B. Jensen, Modelle der Mengenlehre. X, 176 Seiten. 1967. DM 14,– / $ 3.90

Vol. 38: R. Berger, R. Kiehl, E. Kunz und H.-J. Nastold, Differentialrechnung in der analytischen Geometrie IV, 134 Seiten. 1967 DM 12,– / $ 3.30

Vol. 39: Séminaire de Probabilités I. II, 189 pages. 1967. DM 14,– / $ 3.90

Vol. 40: J. Tits, Tabellen zu den einfachen Lie Gruppen und ihren Darstellungen. VI, 53 Seiten. 1967. DM 6,80 / $ 1.90

Vol. 41: A. Grothendieck, Local Cohomology. VI, 106 pages. 1967. DM 10,– / $ 2.80

Vol. 42: J. F. Berglund and K. H. Hofmann, Compact Semitopological Semigroups and Weakly Almost Periodic Functions. VI, 160 pages. 1967. DM 12,– / $ 3.30

Vol. 43: D. G. Quillen, Homotopical Algebra. VI, 157 pages. 1967. DM 14,– / $ 3.90

Vol. 44: K. Urbanik, Lectures on Prediction Theory. IV, 50 pages. 1967. DM 5,80 / $ 1.60

Vol. 45: A. Wilansky, Topics in Functional Analysis. VI, 102 pages. 1967. DM 9,60 / $ 2.70

Vol. 46: P. E. Conner, Seminar on Periodic Maps. IV, 116 pages. 1967. DM 10,60 / $ 3.00

Vol. 47: Reports of the Midwest Category Seminar I. IV, 181 pages. 1967. DM 14,80 / $ 4.10

Vol. 48: G. de Rham, S. Maumary et M. A. Kervaire, Torsion et Type Simple d'Homotopie. IV, 101 pages. 1967. DM 9,60 / $ 2.70

Vol. 49: C. Faith, Lectures on Injective Modules and Quotient Rings. XVI, 140 pages. 1967. DM 12,80 / $ 3.60

Vol. 50: L. Zalcman, Analytic Capacity and Rational Approximation. VI, 155 pages. 1968. DM 13,20 / $ 3.70

Vol. 51: Séminaire de Probabilités II. IV, 199 pages. 1968. DM 14,– / $ 3.90

Vol. 52: D. J. Simms, Lie Groups and Quantum Mechanics. IV, 90 pages. 1968. DM 8,– / $ 2.20

Vol. 53: J. Cerf, Sur les difféomorphismes de la sphère de dimension trois (Γ_4= O). XII, 133 pages. 1968. DM 12,– / $ 3.30

Vol. 54: G. Shimura, Automorphic Functions and Number Theory. VI, 69 pages. 1968. DM 8,– / $ 2.20

Vol. 55: D. Gromoll, W. Klingenberg und W. Meyer, Riemannsche Geometrie im Großen. VI, 287 Seiten. 1968. DM 20,– / $ 5.50

Vol. 56: K. Floret und J. Wloka, Einführung in die Theorie der lokalkonvexen Räume. VIII, 194 Seiten. 1968. DM 16,– / $ 4.40

Vol. 57: F. Hirzebruch und K. H. Mayer, O (n)-Mannigfaltigkeiten, exotische Sphären und Singularitäten. IV, 132 Seiten. 1968. DM 10,80 / $ 3.00

Vol. 58: Kuramochi Boundaries of Riemann Surfaces. IV, 102 pages. 1968. DM 9,60 / $ 2.70

Vol. 59: K. Jänich, Differenzierbare G-Mannigfaltigkeiten. VI, 89 Seiten. 1968. DM 8,– / $ 2.20

Vol. 60: Seminar on Differential Equations and Dynamical Systems. Edited by G. S. Jones. VI, 106 pages. 1968. DM 9,60 / $ 2.70

Vol. 61: Reports of the Midwest Category Seminar II. IV, 91 pages. 1968. DM 9,60 / $ 2.70

Vol. 62: Harish-Chandra, Automorphic Forms on Semisimple Lie Groups X, 138 pages. 1968. DM 14,– / $ 3.90

Vol. 63: F. Albrecht, Topics in Control Theory. IV, 65 pages. 1968. DM 6,80 / $ 1.90

Vol. 64: H. Berens, Interpolationsmethoden zur Behandlung von Approximationsprozessen auf Banachräumen. VI, 90 Seiten. 1968. DM 8,– / $ 2.20

Vol. 65: D. Kölzow, Differentiation von Maßen. XII, 102 Seiten. 1968. DM 8,– / $ 2.20

Vol. 66: D. Ferus, Totale Absolutkrümmung in Differentialgeometrie und -topologie. VI, 85 Seiten. 1968. DM 8,– / $ 2.20

Vol. 67: F. Kamber and P. Tondeur, Flat Manifolds. IV, 53 pages. 1968. DM 5,80 / $ 1.60

Vol. 68: N. Boboc et P. Mustață, Espaces harmoniques associés aux opérateurs différentiels linéaires du second ordre de type elliptique. VI, 95 pages. 1968. DM 8,60 / $ 2.40

Vol. 69: Seminar über Potentialtheorie. Herausgegeben von H. Bauer. VI, 180 Seiten. 1968. DM 14,80 / $ 4.10

Vol. 70: Proceedings of the Summer School in Logic. Edited by M. H. Löb. IV, 331 pages. 1968. DM 20,– / $ 5.50

Vol. 71: Séminaire Pierre Lelong (Analyse), Année 1967 – 1968. VI, 19 pages. 1968. DM 14,– / $ 3.90

Bitte wenden / Continued

Vol. 144: Seminar on Differential Equations and Dynamical Systems, II. Edited by J. A. Yorke. VIII, 268 pages. 1970. DM 20,– / $ 5.50

Vol. 145: E. J. Dubuc, Kan Extensions in Enriched Category Theory. XVI, 173 pages. 1970. DM 16,– / $ 4.40

Vol. 146: A. B. Altman and S. Kleiman, Introduction to Grothendieck Duality Theory. II, 192 pages. 1970. DM 18,– / $ 5.00

Vol. 147: D. E. Dobbs, Cech Cohomological Dimensions for Commutative Rings. VI, 176 pages. 1970. DM 16,– / $ 4.40

Vol. 148: R. Azencott, Espaces de Poisson des Groupes Localement Compacts. IX, 141 pages. 1970. DM 14,– / $ 3.90

Vol. 149: R. G. Swan and E. G. Evans, K-Theory of Finite Groups and Orders. IV, 237 pages. 1970. DM 20,– / $ 5.50

Vol. 150: Heyer, Dualität lokalkompakter Gruppen. XIII, 372 Seiten. 1970. DM 20,– / $ 5.50

Vol. 151: M. Demazure et A. Grothendieck, Schémas en Groupes I. (SGA 3). XV, 562 pages. 1970. DM 24,– / $ 6.60

Vol. 152: M. Demazure et A. Grothendieck, Schémas en Groupes II. (SGA 3). IX, 654 pages. 1970. DM 24,– / $ 6.60

Vol. 153: M. Demazure et A. Grothendieck, Schémas en Groupes III. (SGA 3). VIII, 529 pages. 1970. DM 24,– / $ 6.60

Vol. 154: A. Lascoux et M. Berger, Variétés Kähleriennes Compactes. VII, 83 pages. 1970. DM 8,– / $ 2.20

Vol. 155: J. Horváth, Serveral Complex Variables, Maryland 1970, I. V, 214 pages. 1970. DM 18,– / $ 5.00

Vol. 156: R. Hartshorne, Ample Subvarieties of Algebraic Varieties. XIV, 256 pages. 1970. DM 20,– / $ 5.50

Vol. 157: T. tom Dieck, K. H. Kamps und D. Puppe, Homotopietheorie. VI, 265 Seiten. 1970. DM 20,– / $ 5.50

Vol. 158: T. G. Ostrom, Finite Translation Planes. IV. 112 pages. 1970. DM 10,– / $ 2.80

Vol. 159: R. Ansorge und R. Hass. Konvergenz von Differenzenverfahren für lineare und nichtlineare Anfangswertaufgaben. VIII, 145 Seiten. 1970. DM 14,– / $ 3.90

Vol. 160: L. Sucheston, Constributions to Ergodic Theory and Probability. VII, 277 pages. 1970. DM 20,– / $ 5.50

Vol. 161: J. Stasheff, H-Spaces from a Homotopy Point of View. VI, 95 pages. 1970. DM 10,– / $ 2.80

Vol. 162: Harish-Chandra and van Dijk, Harmonic Analysis on Reductive p-adic Groups. IV, 125 pages. 1970. DM 12,– / $ 3.30

Vol. 163: P. Deligne, Equations Différentielles à Points Singuliers Réguliers. III, 133 pages. 1970. DM 12,– / $ 3.30

Vol. 164: J. P. Ferrier, Seminaire sur les Algebres Complètes. II, 69 pages. 1970. DM 8,– / $ 2.20

Vol. 165: J. M. Cohen, Stable Homotopy. V, 194 pages. 1970. DM 16,– / $ 4.40